기초 피부관리 실습

권영랑 · 김민정 · 이정선 · 임양이 · 최정윤 · 황혜주

나무미디어

머리말

현재 삶의 질이 향상됨에 따라 건강한 아름다움의 추구는 피부미용 분야의 질적, 양적 발전을 이루었다. 특히, 2008년 하반기 미용사(피부) 국가자격시험 실시로 피부미용 산업은 더 많은 발전과 더불어 전문직의 한 분야로 자리 매김 할 수 있게 되었다.

본 교재는 피부미용 국가자격 시험 기준 형식에 준하여 단계별로 이론과 실기를 구성하였으며, 피부미용을 처음 입문하는 모든 분들과 자격증 취득을 위해 준비하는 수험생에게 이해하기 쉽도록 집필하였으며, well-being과 anti-aging이라는 시대의 흐름에 따라 나날이 발전하고 있는 피부미용 분야에서 실무와 인성을 겸비한 뷰티테라피스트의 수요가 증가하고 있다. 따라서 저자는 본 교재에서 익힌 이론적 지식과 기술을 바탕으로 올바른 직업정신을 고취시키고 체계적인 피부관리 테크닉을 연마하여 전문적인 뷰티테라피스트로 성장하는데 도움이 될 수 있도록 집필하였다.

끝으로 스튜디오 촬영 작업에 애써주신 강권신 실장님, 지은경 교수님, 김소현님, 이선영님, 편집을 도와주신 최종미 교수님, 이 책을 출간하는데 도움을 주신 나무미디어 사장님과 임직원 여러분께 깊은 감사를 드립니다.

2015년 2월
저자 일동

CONTENTS

PART 1 피부미용관리의 일반적 이해

INFORMATION

PART 1
피부미용관리의 일반적 이해

CHAPTER 01 피부미용의 이해

1 피부미용의 정의와 기능

1. 정의

피부미용은 두발을 제외한 얼굴과 신체피부에 피부미용사의 손을 이용한 물리적 방법과 화장품, 기기 등의 다양한 방법을 이용하여 피부의 생리기능 및 신진대사를 활성화시켜 영양을 공급함으로써 아름답고 건강한 피부를 유지시켜 주는 전신미용술이다. 피부미용은 인체의 모든 기능을 정상적으로 유지, 증진시키는 과정이며 피부와 근육에 피부미용기술을 행하는 것으로 다양한 학문적 이론을 바탕으로 한다. 공중위생법에서 피부미용업의 정의로는 의료기구나 의약품을 사용하지 아니하는 피부상태분석, 피부관리, 제모, 눈썹손질을 행하는 영업이다.

2. 기능

피부는 인체를 덮고 있는 중요한 역할을 하며, 세균 등 외부의 물리·화학적 자극으로부터 보호한다. 피부미용은 피부의 다양한 역할을 도와 피부를 보호하고, 증상 진단을 통해 개선시키는 기능이 있다. 또한 미적인 창조과정과 정신적인 '미(美)'를 가꾸며 자아인식과 자신감을 갖게 하고 삶의 질을 높인다. 때로는 피부의 결함을 보완하고 피부를 아름답게 꾸며주는 장식의 기능과 피부과 전문의에 의해 시행되는 피부미용시술로 의약품 및 의료기기를 이용하여 치료하는 의학적 기능도 있다.

2 피부미용의 용어

피부미용은 피부관리, 코스메틱, 스킨케어, 에스테틱 등 다양하게 불리운다. 특히 피부미용에 종사하는 사람, 화장품판매원은 Cosmetician(영국), Esthetician(미국)이라 불리운다.

코스메틱은 우주를 의미하는 고대 그리스어의 kosmos에서 유래되었으며, 조화된 우주질서의 한 부분으로써 인간의 아름다움과 건강을 신체관리를 통해 실현하고자 하는 의미가 있다. 독일에서 kosmetik(코스메틱)은 피부미용을 의미하며, 한편 미용제제나 미용제품의 의미로 사용된다.

에스테틱의 개념은 프랑스어인 Esthetique에서 유래되었으며 원래 '美', '심미적', '미학' 이란 의미를 내포하나 현재 피부미용 의미로도 사용된다.

3 피부미용의 필요성

현대인의 피부는 환경오염과 공해, 스트레스, 잘못된 식생활, 운동 부족, 불균형한 생활 스타일 등으로 말미암아 정상적 기능을 하지 못하는 경우가 많아졌으며, 이런 이유로 인한 다양한 증상과 상태의 피부를 개선시키고 유지하고자 피부 관리가 필요하다. 또한 현대사회에 있어서 다양한 사회활동이나 인간관계에 불쾌감을 주지 않고, 개인이 갖는 경쟁력의 하나로 인식됨에 따라 남녀노소 모두에게 피부미용 관리의 필요성이 대두되고 있다.

4 피부미용사의 역할과 태도

피부미용사의 역할

고객의 피부 유형과 상태를 정확히 분석하여 적합한 화장품을 선택하고, 피부상태에 따라 손과 기기를 활용하여 건강하고 아름다운 피부를 유지 및 관리하기 위한 행위를 피부미용관리라 한다.

피부미용사는 고객의 피부를 과학적, 합리적으로 개선하고 유지 및 관리하기 위하여 피부미용관리에 대한 이론적 이해와 실기 능력을 갖춘 전문인으로서 확실한 직업관을 가져야 한다.

1 피부미용 전문지식과 기술 습득의 노력을 지속적으로 한다.

2 짙은 화장이나 강한 향수를 피하고, 단정한 헤어스타일과 청결하고 밝은색의 복장, 짧은 손톱, 구취나 암내 등의 개인의 신체 냄새가 나지 않도록 관리하고, 시술자의 손은 항상 청결하며 거칠어지지 않도록 보호하여야 하며, 시술 시에는 시술에 필요한 인체공학적 바른 자세를 유지하도록 한다.

3 고객을 응대하는 자세는 밝은 미소와 함께 항상 친절해야 한다.

4 상담 시에는 고객 의견을 충분히 경청하여 고객의 요구사항을 정확하게 파악하고 신뢰감을 줄 수 있는 태도로 응대하여야 한다.

5 홈케어용 화장품 등의 제품 판매 시 무조건적 강매를 하지 않도록 하고 제품에 대한 설명은 과학적인 근거를 중심으로 설명하도록 노력한다.

6 관리실에서는 직원들끼리의 잡담이나 전화사용은 삼가한다.

7 걸음걸이는 뛰거나, 소리가 나지 않도록 조심한다.

8 시계, 바지, 팔찌 귀 물건이 좋음 시한 시 바세이 비비 빼놓지 않는다

9 고객과 내화나 상담 시에는 쾌활하지만 진실한 마음이 담긴, 조용히고 치분한 목소리로 한나.

10 고객의 사적인 상담과 다른 사람을 비판하는 언행, 비속어 등을 사용하지 않는다.

11 예의바른 전화 상담과 정확한 의사소통이 되도록 노력한다.

12 고객의 시간을 중요하게 생각하며, 예약시간을 필히 지키도록 한다.

피부미용실의 준비상태

피부미용실은 냉수, 온수의 사용이 편리해야 하며, 냉방, 난방의 시설이 갖춰져 일정한 온도와 습도를 유지해야 한다. 바닥재는 소음을 흡수하는 방음자재, 환기시설 등이 잘 되어 있어야 한다. 또한 실내조명은 피부분석을 위한 직접조명과 안정을 취할 수 있는 관리실 내의 간접조명이 갖추어야 한다.

1. 침대(Bed)

위생적으로 세탁된 침대시트, 담요, 타올, 터번 등을 준비한다.

- 그날의 날씨나 계절에 따라 침대 온도를 조절해 둔다.
- 침대의 시트는 일회용 시트지를 사용한다.
- 담요는 계절에 따라 소재를 선택, 실내 온도에 따라 두께를 조절한다.
- 피부미용관리 시 사용할 타올은 위생적이여야 하고 면 소재를 사용한다.

2. 준비대(Trolley)

피부미용관리 시에 사용되는 화장품이나 기타 도구들을 사용하기 편리하도록 이동식 3단 선반으로 된 준비대에 정리하여 둔다.

- **화장품(Cosmetic)** : 피부 유형과 관리목적에 따라 전문화장품 준비

- **화장솜(Cotton)** : 화장수 사용, 부분화장 제거, 노폐물 제거, 아이패드 대용 등으로 사용한다. 용도에 따라 사용하기에 편리한 크기로 만들어 촉촉한 상태로 미리 만들어 둔다.

- **티슈(Tissue)** : 화장품의 유성성분의 흡수제거와 관리과정에서 필요에 따라 사용하며, 향과 색상이 없고 부드러운 것을 사용한다.

- **면봉(Cotton ball)** : 부분화장 제거, 국소도포, 피지압출 등에 사용되며, 사용목적에 따라 나무와 플라스틱 스틱을 구분하여 사용한다.

- **해면(Sponge)** : 세정단계, 마스크 또는 팩의 후처리 과정에 사용되며 부드러운 질감의 소재를 사용하고 위생적인 관리가 매우 중요한다.

- **해면 볼(Sponge bowl)** : 적당한 크기를 사용하며, 사용 후 청결하게 세척하여 건조 후 소독한다.

■ **팩, 마스크 볼기(Pack, Mask Bowl)** : 고무 볼 종류는 석고, 모델링 마스크 종류를 사용할 때, 유리 볼은 일반식인 팩이나 화장품을 덜어서 사용할 때 쓰인다.

■ **스파튤라(Spatula)** : 마사지크림, 마스크, 크림 팩 등의 도포에서 제품에 손이 직접 닿지 않도록 사용되는 도구로서 사용 후 세척하여 건조 후 소독한다.

■ **브러쉬(Brush)** : 딥 클렌징제의 도포, 크림 팩 도포에 사용되며 부드러운 질감의 소재를 사용하고, 사용 후 세척하여 건조 후 소독한다.

■ **거즈(Gauze)** : 마스크, 팩 등의 도포에 사용되며 오염되지 않도록 주의

■ **가위(Scissors)** : 벨벳, 거즈, 화장 솜 등의 절단에 사용하며, 눈썹 가위는 눈썹 정리 시에만 사용하고, 모든 종류의 가위는 항상 청결히 소독한다.

■ **생리식염수(Saline)** : 얼굴관리 시 눈에 이물질이 들어갈 경우 사용한다.

■ **증류수(Distilled water)** : 관리제품의 희석에 사용한다.

■ **휴지통(Waste)** : 관리과정 중 나오는 쓰레기를 임시로 버릴 수 있게 관리사의 가까운 주변에 배치하여 관리 후 청결하고 위생적으로 처리한다.

■ **고객관리차트(Chart)** : 고객의 신상, 피부 분석, 피부관리 기록을 통해 피부변화 상태를 지속적으로 알 수 있으며 임상의 증거자료가 된다.

5 피부미용관리와 위생

1. 위생 개념

위생이란 건강의 보전과 증진을 도모하고 질병의 예방과 치유에 힘쓰는 것을 의미하며, 개인위생, 공중위생, 식품위생, 정신위생, 환경위생 등이 있다. 개인위생은 개인 대상으로 하는 위생을 뜻하고 공중위생은 사회일반의 건강을 위한 위생을 말한다. 공중위생은 지역사회나 공장, 학교 등에서 사람들의 건강 유지 및 증진을 위해 행하는 조직적인 위생활동이며, 수질환경 위생, 공해대책, 전염병 예방, 모자보건, 정신위생, 불량음식물 단속 등 그 활동범위가 넓다. 공중위생 활동은 주로 국가나 지방자치단체가 하며, 각 시·군에 보건소를 두어 운영하고 있다. 개인위생은 청결의 동의어로 사용되며 신체 위생 영역으로서 건강 상태를 감염과 질병으로부터 보호하고 더욱 좋은 상태로 이끌기 위해 실천하는 것을 뜻한다.

2. 피부미용사의 위생

1   손톱 길이와 손톱의 주변 정리 상태의 항시 점검

2   손의 상처, 손의 위생 상태의 항시 점검

3   구취, 체취의 항시 점검

4   머리 형태, 신발, 복장 위생상태의 항시 점검

3. 공중위생관리법상 피부미용사의 준수사항

1 점빼기, 귓볼뚫기, 쌍거풀수술, 문신, 박피술 그밖에 이와 유사한 의료 행위를 하여서는 안 된다.

2 피부미용을 위하여 약사법 규정에 의한 의약품 또는 의료용구를 사용하지 않는 피부상태분석, 피부관리, 제모, 눈썹손질의 업무.

3 미용기구 중 소독을 한 기구와 소독을 하지 아니한 기구는 각각 다른 용기에 넣어 보관하여야 한다.

4 법령위반, 결격사유, 면허증 대여를 하는 경우 면허취소가 된다.

5 미용의 업무는 영업소외의 장소에서 행할 수 없다. 질병, 혼례, 특별한 사정에 의한 보건복지부령이 정하는 특별한 사유가 있는 경우에는 그러하지 아니하다.

6 미용업 영업자는 매년 3시간 위생교육을 받아야 한다. (현재 온라인 위생교육도 가능)

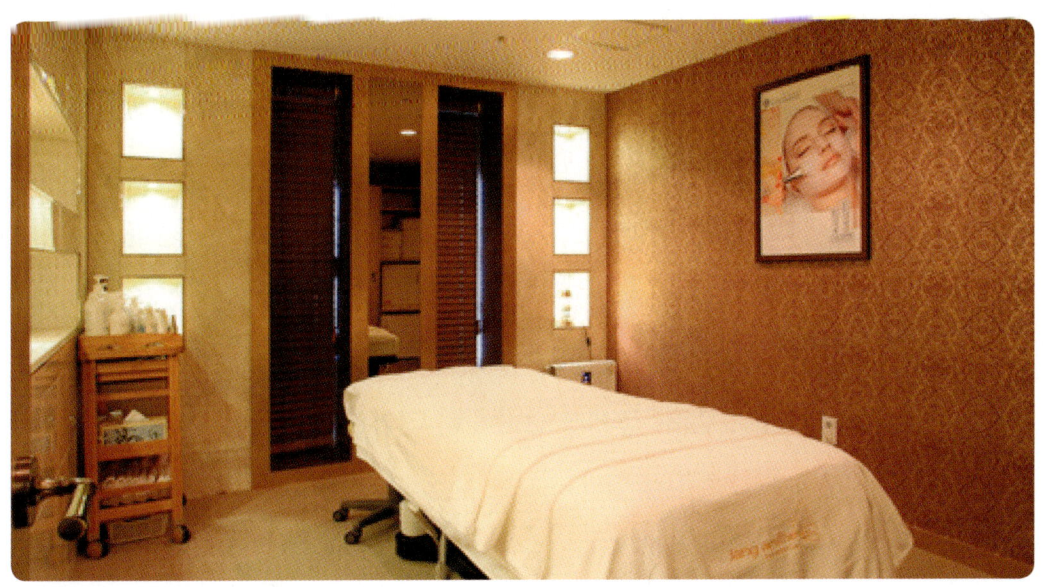

피부미용실은 불특정 다수인을 대상으로 피부를 직접 만지고 관리시간이 짧지 않은 특성과 다양한 절차와 제품, 기기에 따르는 위생상태 및 소독을 중요한 점으로 둘 수 있다.

피부미용실에서의 일반적인 피부 감염 경로는 고객이 지니고 있던 포도상구균이 손이나 수건 등을 통해 감염부위로 이동하여 부스럼, 종기 등을 일으키며 감염을 일으킨다. 또는 진균에 의한 무좀이나 연쇄상구균에 의한 농가진 등을 일으키며, 피부미용실에서 꼭 사용하는 타올의 불결함은 결막염이나 전염성세균에 의한 눈병인 트라코마(trachoma) 등을 일으킬 수 있다.

여름이나 겨울철 피부미용실의 온·습도를 위한 냉·난방기를 가동하지만 위생상태가 좋지 않은 경우 호흡기 경로로 세균이나 곰팡이, 바이러스 등에 감염될 수 있다. 또한 피부미용실에서 여드름고객의 관리나 작은 상처로 인해 미생물에 감염되어 화농성 감염, 상처부위를 통한 감염이 생길 수 있다.

1. 주위에 흔한 병원균

■ 바이러스

멸균을 위한 소독제를 구비해야 하고, 사람이 많은 곳에서 전염성이 높다.

■ 옴

손가락, 손목, 성기 부위에 잘 생기는 피부 질환으로 옴진드기에 의한 것이며, 가려움과 습진이 생기기도 한다.

■ 곰팡이

두피, 신체의 모든 피부, 손톱, 등에서 증식하고, 전염된다.

■ 사상균

곰팡이의 일종인 진균에 의하며 손톱 , 발톱 등에서 증식이 잘하나 몸에도 증식한다.

2. 위생관리

1 피부미용실의 실내공기는 환기를 시키고, 창 커튼은 정기적으로 세탁을 하고 창틀, 환기구의 청소와 적정 온도, 습도를 맞춘다.

2 상담실, 응접실, 관리실에는 음식냄새가 나지 않도록 해야 하며, 주방의 환경도 배수구, 환기구가 위생적으로 관리되어야 한다.

3 화장실에서는 냄새가 나지 않아야 하며 바닥을 포함한 화장실청소는 수시로 하고 소독을 해야 한다.

4 라커룸, 가운, 타올, 슬리퍼 등의 위생을 항시 점검하고, 소독해야하며 특히 관리 시 사용하는 해면, 습포, 제품과 기기의 표면에도 위생적으로 소독관리하여 제자리에 비치한다.

5 일회용제품은 일회에 한하여 사용하며 기타 물품은 특성에 따라 소독방법이나 세척방법을 미리 숙지하고 실행한다.

피부분석 및 상담

1 피부의 분석

1. 피부분석의 목적

피부는 동일인이더라도 아침, 점심, 저녁의 피부상태가 다를 수 있으며, 계절적 요인을 포함한 다양한 환경요인에 따라 차이가 난다. 이러한 고객의 피부상태와 피부유형을 파악하여 건강하고 정상적 기능의 피부상태를 유지하기 위해 피부분석은 항상 피부 관리 전 매번 실시하도록 한다.

피부유형은 정상피부를 중심으로 건성피부, 지성피부, 복합성피부로 나뉘고, 피부의 상태는 특정부위에 단순 구진이 났는지, 염증성 여드름이 진행되었는지, 모공의 상태가 지저분하거나 흑면포, 백면포의 상태인지, 기타 피부질환을 동반하고 있는지를 파악하고 관리계획을 세워야 한다. 또한 염증이 난 피부질환이나 의학적 처치가 필요한 경우를 구별해야 한다.

2. 분석을 위한 환경조건

고객의 피부는 세안이 되어야 한다. 또한 분석을 하기 전 피부미용사의 손은 소독을 하고, 분석을 위한 기구 및 장비도 청결한 상태가 되어야 한다. 조명은 형광등 같은 직접 조명을 사용하고, 실내온도는 20°C와 60%의 습도를 유지하도록 한다.

3. 피부분석 방법

피부를 분석하는 방법으로는 문진, 견진, 촉진, 분석기기의 이용이 있다.

문진은 고객에게 여러 가지 질문을 하여 얻은 자료를 통해 분석하는 것으로 가장 기초적이면서 중요한 자료를 얻는다. 질문의 내용은 나이, 직업, 평소 피부 관리 습관, 현재 사용 중인 화장품과 사용방법, 식습관, 운동, 흡연, 음주, 약물의 복용, 알레르기 체질의 유무, 생리주기, 과거병력, 현재 컨디션, 스트레스 등과 함께 계절적 요인, 자외선 노출량, 공해지역 등을 물어 피부 관련성 요인을 유추한다.

견진은 직접 조명에서 고객의 피부를 육안으로 보고 관찰 후 얻는 자료를 통해, 관찰한 뒤 얻는 자료를 통해 분석하는 것으로 많은 경험이 요구된다. 유분과 수분의 함유 상태와 민감한 정도, 피부의 거칠기, 모공의 크기와 상태, 혈액순환, 다양한 피부질환의 구별 등을 판독하고 좀 더 섬세한 판독을 위해 확대경, 우드램프, 유분수분측정, pH측정, 더마스코프, 스킨스코프 등과 같은 피부분석기기를 이용한다.

촉진은 소독된 피부미용사의 손으로 고객의 피부부위를 누르고, 쓰다듬어보고, 당겨봄으로써 부드러움, 탄력도, 주름, 조직의 두께감과 유분기, 수분기 등의 촉감을 느껴 얻는 판독방법이다.

4. 피부분석의 내용

다양한 피부 분석방법을 통해 알 수 있는 내용은 유분정도, 수분정도, 각질화, 모공크기, 탄력도, 예민함, 혈액순환 상태 등이다.

피부의 유분도는 나이, 계절요인, 모공크기와 관련하며 T존은 양볼보다 모공이 크므로 유분이 더 많은 것을 느낄 수 있다. 모공에서 분비되는 피지의 양은 과하면 여드름의 발생이 쉽고, 피지량이 많고 적음은 피부유형을 나누는데 중요한 기본이 된다. 일상에서 유분도는 수면 후 티슈로 전체를 눌러보고 부위별 흡수된 유분의 정도로 파악을 할 수 있다.

수분도는 볼 아래에서 윗방향을 향해 올려보았을 때 가로로 잔주름이 형성되는지를 확인한다. 가로주름과 함께 유분이 부족한 경우에는 단인히 수분부족의 피부가 되며, 유분이 많은 경우에도 수분부족의 지성피부 또는 수분부족의 여드름피부로 생각힐 수 있다.

각질화는 만져보아 피부 표면이 부드럽고 일정하게 매끄러운 정도나 거친 정도를 파악한다. 일반적으로 표피 기저층에서 각질형성세포가 분열하여 4주에 걸쳐 수직이동하면서 세포의 분화과정을 거쳐 최종적으로 박리되는데 이러한 박리현상이 늦어지면 피부조직이 거칠거나 두껍고 둔탁한 느낌이 들며, 너무 빠르면 얇고 예민한 피부가 된다.

모공의 크기는 정상인에서 U존보다 T존에서 그 크기가 더 크다. 그러므로 여드름피부나 지성피부에서는 더욱더 T존의 모공이 큰 것을 확인할 수 있으며 피지분비량도 많다. 건성피부에서는 T존 부위의 모공도 섬세함을 볼 수 있으며, 따라서 피지분비가 적다. 모공의 크기는 피부노화에 따른 탄력의 감소로 처지고 커보이는 것을 확인할 수 있다.

탄력도는 눈밑 피부를 엄지와 검지로 집어 올린 후 원상태로 돌아가면 진피조직의 콜라겐 및 기질의 수분보유능력이 양호한 것을 확인할 수 있다. 또한 교근부위의 볼살을 엄지와 검지로 잡아당겨 긴장된 상태를 보고 피부가 잘 잡아지지 않으면 탄력섬유가 좋은 상태로 볼 수 있다.

예민함은 스파튤라를 이용해 이마부위에 살짝 긋거나 문지른 후 민감한 정도를 살펴본다. 약간 붉은 정도로 보이다가 곧 사라지면 정상이지만 빨갛게 부어올라 잘 내려가지 않으면 예민(민감)한 피부로 본다. 반면 하얗게 부어오르듯 한 상태가 되면 습진성 피부, 아토피피부염 등에서 볼 수 있다. 예민한 피부는 피부가 얇은 경우가 많아 모세혈관이 확장되어 보이기도 하고, 특별한 성분 함유의 화장품사용에 있어서는 패치테스트(Patch Test)를 해보고 사용하는 것을 권장한다.

혈액순환은 눈꺼풀의 안쪽 점막 피부색이 붉으면 양호한 상태이고, 하얀색이면 불량한 것으로 파악한다. 대체적으로 혈액순환이 잘 되지 않으면 코나 턱부위, 관골부위의 표면이 차가운 느낌이 든다. 빈혈인 경우에는 창백한 안색이 돌며 지성피부, 여드름피부에서는 탁하고 잿빛으로 보여질 수 있다. 모세혈관 확장피부에서는 모세혈관의 탄력도가 떨어져 있으므로 피부가 붉게 보이므로 구별되어져야 하며 이는 오히려 혈액순환 장애에 속한다.

2 피부의 유형별 관리방법

피부의 유형은 피지선과 한선의 기능이 정상적 분비를 하는가에 따라 지성피부, 건성피부, 정상피부, 복합성피부의 유형으로 나누어진다.

특히 피지분비를 중심으로 피지선의 기능이 활발하여 그 양이 많을 시에는 지성피부로 판단하고, 건성피부의 유형은 피지분비량과 함께 한선의 기능도 좋지 않은 경우다. 건조한 피부는 피지량이 적어 천연피지막이 얇게 형성된다. 건조한 피부는 피지의 저기능 뿐만 아니라 각질층 피부장벽구조를 이루는 각질세포 간 지질이 잘 형성되지 않는 문제점, 천연보습인자의 부족 등도 이유가 될 수 있다. 모든 피부에서 기본적 관리는 청결과 보습, 자외선차단제의 적용, 올바른 식생활, 숙면, 스트레스관리, 적당한 운동을 통한 혈액순환과 땀 배출 등이 병행되어야 한다.

1. 정상피부(Nomal skin)

정상피부의 상태는 피지선과 한선의 기능이 정상으로서 표면은 윤기가 나면서 매끄럽고 탄력적이며 안색이 좋다. 모공은 섬세하고 피부결도 섬세해 보여 화장을 하면 오래가고 부드럽게 보인다. 특히 세안 후 당기거나 번들거리지 않으며 색소침착, 여드름, 뾰루지가 없는 가장 이상적인 피부 상태이다.

정상피부의 관리방법은 현재 유분과 수분의 정도를 잘 유지하는 관리를 하여 연령별, 계절적 요인에 의한 건조함이나 유분기가 많아질 수 있는 것을 방지하는 것이다. 청결한 피부도 중요하지만 과도한 세안을 피하고 보습을 위한 크림과 주1회 영양보습팩을 한다. 성분으로는 천연보습인자, 콜라겐, 히알루론산, 비타민 A, E 등을 권장한다.

2. 건성피부(Dry skin)

건성피부의 상태는 피지선과 한선의 기능이 저하되어 있음으로 보습능력이 떨어진다. 각질층의 수분이 10% 이하이며, 유분과 수분이 부족한 상태가 지속되면 잔주름이나 탄력저하가 생기고 피부의 pH에 영향을 준다. 건성피부는 세안 후 심한 당김과 작은 모공, 피부결은 섬세해 보인다.

표피수분부족은 연령에 관계없이 발생 되며 잔주름 형성이 쉽다. 진피수분부족은 결합조직의 구성원인 콜라겐과 섬유아세포, 기질 등의 손상으로 인하여 굵은 주름이 형성되고, 내부에서의 심한 당김, 색소침착이 쉬우며, 이는 노화와 자외선 노출 관련이 깊다.

건성피부의 관리방법은 부족한 수분을 공급하는 관리와 수분증발을 막는 관리를 해야 한다. 자외선 노출, 과도한 목욕, 냉·난방 사용, 건조한 기후, 잦은 세안, 비누세안, 알콜의 고함량 화장품 등을 자제한다. 성분으로는 세라마이드, 천연보습인자, 콜라겐, 히알루론산, 호호바오일, 알로에베라 등을 권장하며 혈액순환을 돕기 위해 꾸준한 마사지와 주1회 영양보습팩을 한다.

3. 지성피부(Oily skin)

지성피부의 상태는 과다한 피지량에 의해 기름진 상태이다. 피지선에서 배출된 피지는 한선에서 배출된 수분과 W/O 형태로 유화되어 피지막을 만들고 약산성의 균형을 맞춘다. 그러나 과도한 피지량은 안드로겐, 프로게스테론 등의 호르몬기능 증가와 관련이 있으며, 여드름과 같은 질환을 일으키는 원인이 되기도 한다. 지성피부는 전체적으로 거칠고 둔탁한 느낌이며, 모공이 크게 보이고 번들거려 화장이 잘 받지 않아 오래가지 않아 지저분한 이미지를 줄 수 있다.

지성피부의 관리방법은 과도한 피지를 제거하고, 유분량을 조절해야 하므로 클렌징에 중점을 두는 관리를 한다. 주의점은 과도한 세안으로 인한 피지막의 제거로 인해 오히려 세균의 침입에 저항성이 약화될 수 있다. 화장수는 소염, 진정, 모공수축에 도움을 주는 아스트린젠트를 사용하고, 보습을 위한 기초화장품이나 파운데이션 등에 오일 함량이 많은 것을 피한다. 정기적인 딥클렌징을 통해 여드름, 거칠어 보이는 피부결을 관리한다. 피지선은 호르몬에 영향을 받으므로 스트레스, 수면, 달거나 자극적인 음식 등 생활 관리에도 개선이 필요하다.

4. 복합성피부(Combination skin)

일반적으로 U존은 건성이나 정상인데, T존은 지성인 경우이다. 한 얼굴에서 두 가지 이상의 피부상태가 나타나는 것은 유·수분의 균형을 잃은 것이며, 이로 인해 건조한 부분에서는 잔주름의 형성이 쉽고 유분기가 많은 부분에서는 뾰루지, 여드름 등의 발생이 쉬워 잦은 피부트러블을 경험하게 된다. 원인은 호르몬의 이상이나 연령, 피부 관리의 습관, 식생활이나 기타의 피부에 영향을 주는 생활습관, 스트레스 등에 의한다.

복합성피부의 관리방법은 U존은 건성이나 정상이므로 부족한 수분을 공급하는 관리, T존은 지성이므로 피지를 제거 조절관리를 한다. 화장품의 사용과 딥클렌징, 팩, 마스크의 적용 시에는 부위별 상태에 따라 차별 관리를 해야 한다.

5. 다양한 피부상태의 관리

일반적인 피부의 유형은 네 가지로 나누고 있지만 피부의 상태는 매우 다양하다. 피부의 유형과 함께 다양한 원인으로 인해 나타나는 피부의 다양한 상태를 함께 관찰하고 특성에 맞추어 관리를 해야 한다.

민감성피부와 모세혈관확장피부는 흔히 볼 수 있으며, 건성피부에서 잘못된 관리 시 민감한 피부로 변하는 경우가 발생되기도 한다. 민감한 피부는 비누세안, 스크럽, 알콜, 석고팩, 분자량이 큰 유성크림, 자외선, 건조한 습도, 사우나, 강한 향이나 고기능성 화장품 사용, 자극적인 마사지 등을 자제한다.

모세혈관 탄력에 좋은 비타민C, P, K와 카모마일에서 추출한 아쥴렌성분, 알로에, 하마멜리스 등을 권장한다. 아토피피부염이 있거나 광알레르기, 접촉성피부알레르기를 경험한 경우에는 항원이 되는 물질로부터 회피를 하는 것이 가장 중요하며, 자외선 노출과 건조한 습도, 사우나를 피하여 민감성피부와 같은 관리를 한다.

색소침착피부는 자외선 노출과 스트레스를 피하고 정기적인 각질제거와 비타민C의 복용을 한다. 화장품의 성분으로는 코직산, 알부틴, 비타민 C와 그 유도체 등이다.

노화피부는 언젠가 겪게 되는 피부상태이며 피부가 건조하고 색소침착, 주름 형성, 전체적 탄력성이 떨어지고 피부재생의 속도가 느려진다. 광노화에서는 표피의 두께가 두꺼워지고 색소침착과 피부 면역이 떨어진다. 그러므로 표피와 진피에 수분을 채워줄 천연보습인자, 콜라겐, 히알루론산과 상피세포분화에 영향을 주는 비타민A와 그 유도체, 거친 각질 탈락을 위한 A.H.A 성분, 멜라닌 생성을 저해하는 알부틴, 코직산, 비타민C, 인체대사에서 활성산소의 제거를 위한 항산화제의 복용과 함유된 화장품의 사용으로 노화피부를 관리한다.

03 클렌징

1 클렌징의 개념

클렌징은 아름답고 건강한 피부를 위해 피부관리에 있어서 가장 먼저 시행되는 중요한 미용절차이다. 피부는 피부 자체 생리기능에 의해 분비되는 피지, 땀, 각질과 외부 환경에 의한 먼지, 환경오염, 메이크업 등으로 항상 더러워짐과 함께 모공이 막히게 되는 경우까지 초래하므로 이러한 오염원을 제거하는 것이 클렌징의 목적이다. 불결한 피부 및 폐쇄된 모공은 피부의 장벽기능에 영향을 주고, 자극에 예민하게 되는 피부 트러블과 여드름 발생 요인이 된다. 또한 피부기능이 저하된 피부는 노화를 촉진시키는 원인으로도 작용한다.

피부의 더러움은 수용성과 유용성으로 구분하고, 수용성 요소는 먼지, 땀, 파우더 메이크업 등이며 물에 잘 제거되고 수성세안이 필요하게 된다. 유용성 요소는 산화된 신체 피지, 크림, 로션의 기초화장품과 파운데이션, 립스틱 등의 메이크업이며 유성물질에 잘 제거된다.

클렌징의 방법과 클렌징제의 선택은 더러움의 종류와 건성, 정상, 지성, 여드름, 예민피부, 아토피피부 등 피부의 상태와 증상에 따라 제형 선택이 중요하고 클렌징제의 특성은 피부의 피지, 먼지, 메이크업 등의 불순물 등이 깨끗이 제거됨과 동시에 피부의 수분 및 산성 피지막을 파괴하지 말아야 한다.

2 클렌징의 분류

1. 물

물은 산화된 피지, 크림, 로션류의 유성화장품은 씻어내지 못하나 물의 온도에 따라 찬물은 모공을 수축시키는 효과, 미지근한 물은 간단한 클렌징의 효과, 따뜻한 물은 혈액순환을 도우면서 클렌징의 효과, 각질제거 효과가 있다.

2. 비누

비누는 일종의 계면활성제로, 물의 표면장벽을 떨어뜨려 물로 씻기지 않는 수성, 유성의 더러움을 제거한다. 비누는 물에 녹으면 거품이 일며 보통 고급지방산의 알칼리금속염을 주성분으로 하므로 알칼리성으로, 사용할 때 쉽고 깨끗이 닦이는 느낌을 주나 사용 후 피부가 당기는 느낌을 받고 약산성 상태인 피부 표면의 pH는 알칼리화 되는 변화를 가져온다.

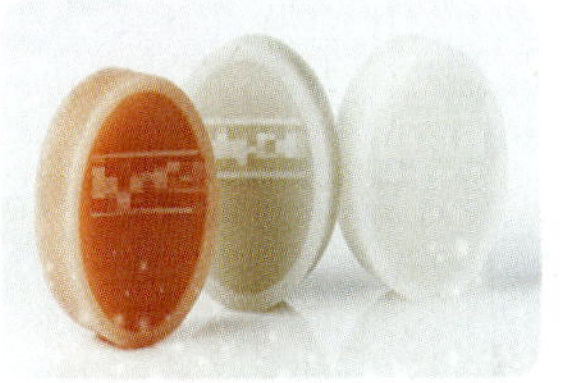

피부의 pH는 항상성에 의해 2~3시간 이후에는 원래상태의 약산성 pH를 회복하지만 상승 변화된 pH에 의해 피부의 제일 바깥쪽의 각질층이 약해지므로, 이때 외부로부터 세균 및 오염물질의 침입이 쉽게 일어날 수 있다. 따라서 비누 사용 후에는 약산성 화장수를 사용하여 피부가 빨리 정상적인 pH상태로 돌아가도록 해야 하며 예민성 피부, 여드름 피부, 아토피 피부, 너무 건조한 피부장벽을 가진 사람은 일반적인 알칼리 비누세안을 피하고 pH값이 5~6정도의 약산성비누를 사용해야 한다.

3. 클렌징 화장품

클렌징화장품의 선택은 피부상태와 사용한 화장품 또는 더러움의 종류에 따라 달라진다.

1. 오일타입(Oil Type)

1 물에 쉽게 유화되는 친수성 클렌징 오일이다.

2 콜레스테롤(Cholesterol), 세사미 오일(Seadame Oil, 참깨오일), 땅콩오일(Peanut Oil)등이 주성분이다.

3 자극이 거의 없으며, 색조 메이크업을 완벽하게 지운다.

2. 밀크타입(Milk Type)

1 부드러운 로션 타입으로 식물성 오일이 함유되어 있다.

2 자극이 적으며, 붉고 예민하여 건조한 피부에 적합하다.

3. 크림타입(Cream Type)

1 친유성 크림상태로 지성피부에는 부적당하다.

2 두꺼운 화장에 적합하고 이중세안이 필요하다.

4. 젤타입(Gel Type)

1 끈적임이 없고 촉촉한 느낌으로 사용감이 뛰어나다.

2 지성, 복합성 피부에 효과적이다.

5. 파우더타입(Powder Type)

1 효소 성분 함유로 여드름, 색소침착에 피부에 사용한다.

2 각질 제거와 클렌징이 한 번에 가능하며 우수한 세정력이 있다.

3 적당량을 물과 혼합하여 충분히 거품을 내며 스티머와 함께 사용한다.

6. 워터타입(Water Type)

1 산뜻한 화장수 타입으로, 가벼운 화장의 제거, 눈·입술화장 제거용이다

7. 클렌징 폼(Cleansing foam Type)

1 약산성 상태로 세안 후 당김이 적고 자극이 덜하다.

2 유성 더러움은 크림, 로션타입으로 제거 후 이중세안제로 적합하다.

4. 화장수

세안 후 사용하며 화장수는 토닉, 토너, 스킨 토닉, 토닉 로션, 후레쉬 토너, 아스트린젠트, 유연수 등의 이름으로 불리운다.

화장수는 일반적으로 정제수, 보습제, 에탄올을 기본으로 하고 있으며 피부 유형이나 상태에 따라 에탄올을 함유하고 있지 않거나 기타 하마멜리스 등의 약초추출물 및 활성 성분, 아로마 에센셜 오일 성분 등을 추가 배합한다.

화장수의 기능은 세안 후 남아있는 노폐물, 메이크업 잔여물을 닦아내 피부를 청결하게 하고, 각질층의 수분 공급과 pH 등의 피부생리 조절작용을 한다.

화장수의 에탄올 함량은 일반적으로 0~10% 정도 함유되어 있으며, 에탄올 함량이 10% 이상 함유된 화장수는 소독력은 있으나 장기간 사용 시 점차 건조해질 뿐 아니라 예민해지고 붉어질 수 있다.

그러므로 피부가 예민할수록 에탄올 함량이 4% 이하로 낮은 화장수의 사용을 권장하며, 알레르기성이나 붉은 피부는 무알코올 화장수를 사용해야 한다. 여드름 피부에도 알코올이 10~30% 정도 함유된 화장수가 소독력이 있다고 하였으나, 피부가 붉어지고 예민해져 무알코올 화장수와 무자극의 살균성 천연활성성분을 함유시킨 화장수를 사용하는 것을 권장한다. 보통 화장수는 화장수의 종류와 상관없이 피지막의 pH조절을 위하여 대체로 pH수치가 5~6인 약산성 상태로 제조된다.

1. 화장수의 종류

유연화장수

유연화장수에는 천연보습인자(NMF : Natural moisturizing factor) 등의 보습성분과 유연성분이 특히 많이 함유되어 건성 또는 노화피부에 효과적으로 사용된다. 완전 액체 형태이거나 가벼운 젤 형태로 각질층에 보습막을 형성시켜 피부를 촉촉하고 부드럽게 하고, 다음 단계의 미용절차에서 사용되는 제품의 흡수를 용이하게 한다.

수렴화장수

아스트린젠트(astringent)라 하며 각질층에 NMF 등 보습성분을 통해 수분을 공급하고 모공수축과 함께 피부결을 섬세히 정돈해 준다.

약산성 상태로 피부의 pH를 조절해 주며, 세균으로부터 보호해 주고 소독해 준다. 주로 정상·지성·복합성 피부에 사용되며 모공이 확장되고, 피지·땀에 오염되기 쉬운 여름철에는 모든 피부에 사용이 가능하다.

소염화장수

피부를 청결히 살균·소독해 주는 데 목적을 두며, 모공수축과 청량감을 주는 화장수이다. 예전에는 주로 에탄올 함량이 높은 화장수들이 많았으나 차츰 무에탄올 소염화장수 등이 출시된다. 무에탄올 화장수는 식물성 약초추출물 등 활성성분을 이용, 살균과 소독효과를 주고 있다. 주로 지성, 여드름 피부 및 복합성 피부의 T존 부위와 염증이 생긴 피부에 사용된다.

5. 클렌징 후 처리

안면에서의 클렌징은 포인트 메이크업을 먼저 제거하고 피부유형에 알맞은 제품으로 안면과 데콜테를 3분 정도 가볍고 신속하게 러빙을 하여 마친다. 너무 오랜 시간 문지르거나 압력을 가하면 혈액순환이 되고 신진대사가 활발해져 모공이 넓어져 노폐물이 오히려 흡수될 수 있기 때문이다. 유분제거를 위해 티슈를 사용하고 촉촉한 해면을 이용하여 닦아내거나 해면사용 후 추가적으로 온습포를 적용하고 다시 닦아낸다. 마지막으로 화장수를 묻힌 솜으로 피부결을 따라 피부정돈을 한다. 티슈의 사용 시 주의점은 피부에 문지르는 방법으로 제거하면 피부에 자극을 유발한다. 그러므로 피부에 대고 살짝 흡수시키는 방법을 취해야 한다. 해면을 이용해 제거 시에는 해면을 돌려가면서 청결히 닦아야 하고 수분이 말라 뻣뻣해지는 부분으로 제거 시 피부에 자극을 유발한다. 습포는 클렌징과 딥클렌징에서는 고마쥐, 스크럽, 효소적용 시, 마사지 후에 사용하며 냉습포는 딥클렌징에서 A.H.A의 적용 후, 크림팩, 석고마스크, 모델링마스크 후에 사용한다. 예민성, 모세혈관 확장 피부는 지나치게 뜨겁거나 차가운 습포를 금하며, 타올은 반드시 소독된 것을 사용해 여드름균 등의 세균에 감염되지 않도록 유의한다.

1. 온습포의 효과

- 혈액순환촉진
- 모공확장으로 피지, 면포 등 기타 불순물 제거
- 죽은 각질 제거
- 적절한 수분공급
- 피지선 자극
- 피부관리 클렌징, 딥클렌징 단계에 사용

2. 냉습포의 효과

- 혈관수축으로 염증완화
- 모공수축으로 피부수렴, 긴장, 탄력감 부여
- 진정효과(제모 후, 강한 필링 후, 일광 화상 후, 여드름 압출 후 등)
- 피부관리 마무리단계에 사용

딥 클렌징 (Deep Cleansing)

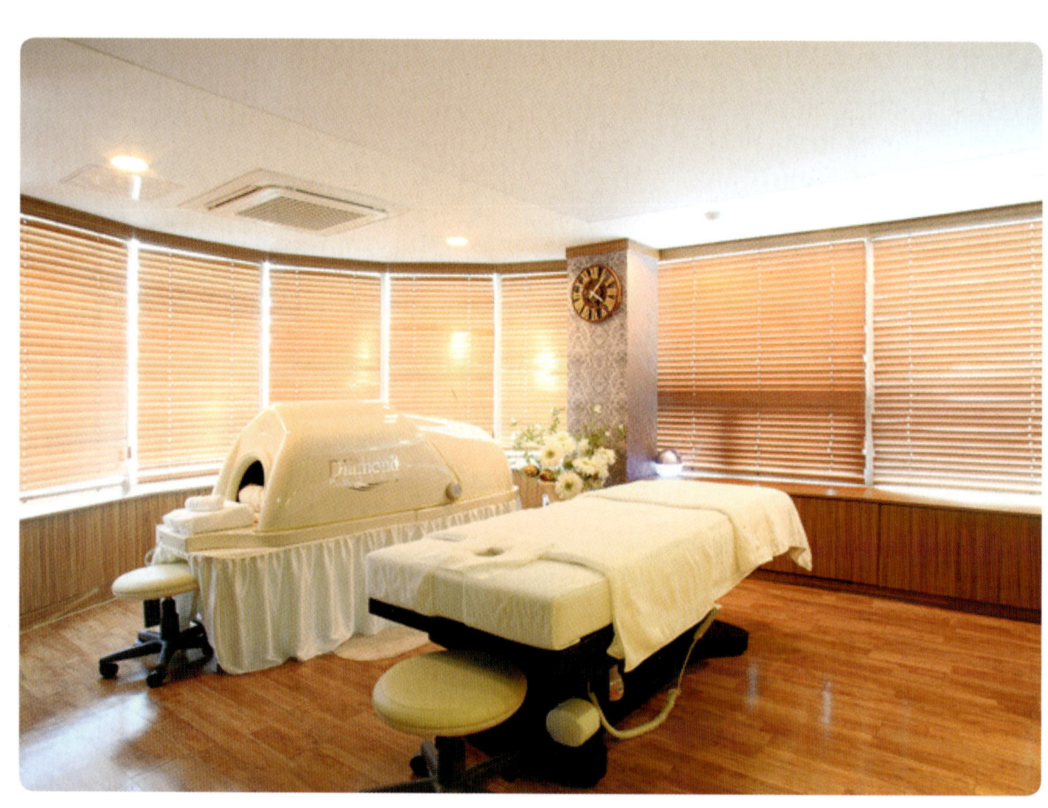

1 딥클렌징의 개요

각질형성세포의 생리기능이 정상적일 때 각화현상은 정상적으로 이루어져 피부는 건강하고 생기 있으며 피부 표면이 매끄럽다. 그러나 각질형성세포가 어떤 요인에 의해 각질탈락의 주기가 지나치게 빨라지거나 늦어지면 피지와 함께 모낭을 막거나 피부에 문제가 발생된다. 각질탈락의 주기가 지나치게 빨라지면 피부방어력이 저하되어 민감화 현상이 나타난다.

반면에 각질탈락주기가 지나치게 늦어지면 과각화 현상으로 피부가 거칠어지고 주름 형성과 피부색상이 고르지 않고 여드름이 발생을 야기한다. 피부의 생리기능이 자연적으로 노화되어 각질세포의 자연탈락이 지연되는 경우와 피지분비가 많은 지성피부의 경우에도 생리적으로 과각화증을 동반하여 여드름의 요인이 되기도 하고 강한 자외선에 노출된 경우에도 피부의 자연적인 피부보호현상에 의해 각질층이 두터워지게 된다. 이렇듯 다양한 요인에 의해 각질층에 쌓이는 죽은 세포 및 피지가 모낭 입구 밖으로 원활하게 배출되어 나올 수 있도록 정기적으로 딥클렌징을 하여 정상적인 각질층을 유지하고 각질탈락주기를 조절해야 한다.

딥클렌징은 일반 클렌징 이후 정상 피부는 물론 지성피부, 여드름, 기미, 노화피부나 부위별로는 이마 및 코부위에 시행하도록 한다.

2 딥클렌징의 목적

딥클렌징은 각질층 깊은 곳과 모낭 속까지 클렌징 하는 의미와 피부층의 흡수장벽을
완화하여 경피흡수를 돕고, 건강하고 정상적인 피부 신진대사를 유도하여 노화를 늦
추는데 있다.

3 딥클렌징의 효과

- 과다 노화 각질을 표피로부터 떨어져 나가게 하여 혈색을 맑게 한다.
- 각질세포의 정상 분열을 촉진하고 진피의 세포를 활성화함으로써 주름을 방지
  한다.
- 피부층의 흡수장벽을 완화시켜 화장품의 흡수를 돕는다.
- 피지가 모낭 밖으로 원활히 배출되도록 도와주며, 면포를 부드럽게 한다.
- 트리트먼트(Treatment)의 효율성을 극대화한다.

4 딥클렌징 시 주의 사항

- 민감성 피부나 염증, 농포, 다른 개방형 상처부위에는 적용하지 않는다.
- 모세혈관 확장증 (Couperose)이 있는 부위는 제한한다.
- 지나치게 자주하면 유·수분이 과하게 부족한 상태를 만든다.
- 정상피부는 주 1회, 건강한 지성피부는 주 2회도 가능하며, 건성피부는 2주에 1회 정도가 적당하다.
- 피부가 예민한 상태에서 딥클렌징하면 얼굴에 상처가 생기고, 진물이 흐르거나 가피가 생길 수 있다. 이때는 진정 스킨토너를 화장솜에 묻혀 문제 부위를 닦고 재생용 앰플(Repair Ampul)을 발라준다.
- 관리 후엔 모공 관리제품과 스킨로션, 수분크림 등으로 보습을 한다.
- 각질제거를 하면 피부 보호를 위해서 멜라닌색소가 과다 생성되므로 자외선 차단제를 꼭 발라주어야 한다.

5 딥클렌징의 방법

1. 물리적 방법

 스크럽제, 고마쥐제, 손, 브러시와 돌 등의 연마기를 이용한 물리적 자극으로 각질을 제거해 내는 방법이다. 스크럽 재료는 곡류씨, 살구씨, 딸기씨, 고령토나 규조토, 조개껍질가루 등의 자연적 재료와 폴리에칠렌류의 미세알갱이를 만들어 사용한다.

스크럽재료 자체가 제품화되어 물을 별도로 섞어 사용하는 것, 스크럽 재료가 크림이나 젤에 함유되어 있는 것, 점토 상태로 있는 것 등 다양하다.

물리적 방법은 문지르는 동작이 따르므로 예민 피부, 염증성 여드름 피부, 모세혈관 확장 피부에는 절대 피하고, 적용하는 횟수는 각 제품의 사용법과 피부유형, 피부 상태에 따라 달리한다. 특히 과각화된 피부, 재생을 촉진시켜 주어야 되는 피부, 지성피부, 모공이 큰 피부, 면포성 여드름 피부, 여드름 상흔이 있는 피부에는 물리적 방법이 도움이 된다.

2. 효소적 방법

 단백질 분해 효소가 함유된 제품을 이용하여 죽은 각질을 분해시키는 방법이다. 파파야, 우유, 바나나 등에서 추출해 낸 효소를 원료로 사용하며 크림타입, 분말타입, 점토타입 등의 형태가 있어 각각의 사용법에 따라 사용한다. 방법은 물리적 동작이 가해지지 않고 팩하는 방법으로 그대로 발라 두면 효소가 작용하여 효력이 나타나는 것이 특징으로 예민피부, 모세혈관확장피부, 염증성 피부 등을 포함하여 모든 피부에 특별한 자극없이 불필요한 노폐물과 각질을 제거해 낼 수 있어서 에스테틱 분야에서 가장 많이 사용하고 있다. 효소적 방법은 적절한 습도와 온도를 유지할 때 가장 효과적이므로 스티머나 온습포를 사용한다.

3. 외학적 방법

물리적 방법과 효소적 방법은 각질층 상층부만 가볍게 제거해 주는 반면 화학적 방법은 화학물질, 천연물질을 이용하여 표피 또는 그 이상을 인위적으로 제거해 내는 방법으로 화학적 박피술이라고도 한다. 사용되는 대표적인 물질은 T.C.A, 벤졸퍼옥사이드, 페놀, 레틴산, 설파, AHA 등 대부분이 의약품으로 의학분야에서 의사의 지시에 따라 사용한다. 이중 AHA는 사탕수수, 사과, 포도, 감귤류에서 추출해 낸 천연과일산으로 글리콜릭산, 젖산, 주석산, 말릭산, 구연산 등의 다양한 종류가 있는데, 농도에 따라 10% 이하는 에스테틱 분야에서 활용되고, AHA 40~70%는 진피층까지 영향을 미쳐 피부의학분야에서 사용된다. 화학적 필링 후에는 모공폐쇄로 인한 여드름과 기미, 주근깨 등 색소질환이 치료되고 주름살완화, 다양한 흉터 등이 개선될 수 있으나, 상당기간 피부 내부층이 외부로 노출되어 붉고 예민한 상태가 되므로 시술 후 특별히 전문피부관리실에서 피부보호와 재생을 위한 관리를 하지 않으면 오히려 흉터 형성과 색소침착이라는 부작용이 발생할 가능성이 있다. 또한 햇빛에 피부노출을 피해야 하는 어려움이 따르므로 햇빛이 강한 계절에는 시술을 하지 않는 것이 좋다.

마사지(Massage)

1 마사지의 이원

마시지의 어원은 'Masso'라는 그리스어에서 유래되어 오늘날 'Massage'라는 말로 변천 되어 왔으며, 인체조직의 기능회복을 위해 신체를 마찰하거나 두드리고 주무르는 행위를 뜻한다. 마사지는 인류의 역사 이래 많은 문화에서 실시되어 왔다. 원시시대에 아픈 곳을 쓰다듬고 문지르는 동작을 행하여 통증을 완화시키고 질병을 치료하였다. 이러한 모습은 고대 이집트의 동굴 페인팅, 로마·그리스시대의 많은 문화에서도 엿볼 수 있다.

특히 서양의학의 아버지 히포크라테스(BC 460~375)는 마사지 기법과 그 효과에 대해 문헌을 통하여 언급하였다. 20세기 중반에는 의학술의 부상으로 사양길을 걸었으나 1980년대 이후 힐링을 위한 인간적이고 실질적인 접근방법으로 다시 부흥되기 시작하였다. 피부미용 영역에서는 마사지가 화장품을 매체로 하여 화장품을 피부에 바르고 동작을 실시하는 방법으로 발전하였다.

2 마사지의 정의와 목적

마사지는 주로 손을 사용하여 직접 피부에 일정한 방법으로 역학적 자극을 주고 생체반응을 일으키는 수기시술(手技施術)이다.

마사지는 수기시술을 통해 혈액순환과 신진대사를 활발히 하고 피부와 신체 건강을 증진시키는 것에 목적이 있다.

3 마사지의 효과

1 피부와 신체조직의 노폐물 제거작용을 한다.

2 림프와 혈액순환 촉진으로 신진대사를 증진시킨다.

3 긴장된 근육의 이완효과가 있다.

4 피부조직의 긴장과 탄력성을 증가시킨다.

5 기분상승, 심리적 안정, 신경을 진정시켜 긴장을 풀어준다.

6 화장품의 흡수율을 높인다.

4 전통마사지

1. 전통마사지, 스웨디쉬 마사지

스웨디쉬 마사지는 19세기 초 스웨덴의 Pehr Henrik Ling(1778~1839)에 의해 고안된 수기법으로, 그는 18세기에 보급되었던 의료체조시스템의 능동적 동작에 길게 미끄러지는 듯한 쓰다듬기, 반죽하기, 마찰하기의 수동적 동작, 즉 마사지동작들을 결합시켰다. 이후 이러한 동작들로 조합된 마사지기법이 유럽에서 대중화되었으며, 19세기 중반에 미국으로 전파되어 Kellogg(1852~1943), Michigan, Graham 등에 의해 발전되고 대중화 되면서 Tapotement, Vibration기법이 추가되었다.

미국에서는 이러한 마사지기법을 에스테틱 분야, 마사지분야에서 스웨디쉬 마사지, 유럽에서는 에스테틱 분야에서 전통마사지라 부르며 현재까지 기본마사지 방법으로 전수되고 있다. 오늘날 많은 마사지기법은 스웨디쉬 마사지를 보완하거나 통합하여 발전되고 있다.

전통마사지 시에는 직접한 화장품을 피부에 펴 바른 후 손으로 피부 표면을 기법에 쓰다듬고, 문지르고, 마찰하고 두드리는 등이 동자을 취하여 화장품을 흡수시켜 주고 피부에 탄력싱 부여, 긴장이완, 혈액순환촉진 등 다양한 효과를 준다. 우리나라 피부미용 국가자격증 시험에서도 제 1과제 순서 5의 작업명 손을 이용한 관리(매뉴얼테크닉)에서도 전통마사지인 스웨디쉬 마사지를 기본으로 한다. 그러나 지압이나 강한 두드림 등의 직접적인 안마동작은 하지 않도록 한다.

2. 마사지 전 손 운동

마사지를 하기 전 피부미용사의 손은 마사지 시 여러 가지 동작과 압력의 강약, 리듬이 잘 표현되도록 유연하게 미리 단련시켜야 한다.

- 손목의 힘을 뺀 후 양손을 흔든다.
- 양 주먹을 5초간 힘껏 쥐고 5초간 주먹을 편 채로 있는다.
- 손가락을 차례로 굽혔다 펴준다.
- 양 주먹을 쥐고 손목에서 원을 그리듯이 손목을 돌려주고 다시 역회전 시켜준다.
- 손가락을 깍지 끼고 뒤로 돌려 팔을 편 채 심호흡을 한다.

3. 전통마사지의 효과

- 주무르기나 누르는 동작을 통해 피지덩어리가 제거되거나 면포 끝부위가 부드러워져 면포가 쉽게 제거된다.

- 혈액순환과 림프순환을 촉진시켜 준다. 따라서 마사지의 방향은 혈행방향(말초에서 심장방향)으로 실시한다.

- 결합조직에 긴장도를 상승시켜 피부의 탄력성이 강화된다. 따라서 안면에서는 이중턱, 눈밑 주머니의 생성을 방지해 준다.

- 근육의 이완과 강화에 도움을 주므로 목과 어깨라인, 바른 자세에 영향을 준다.

- 계속적인 문지름을 통해 사용된 화장품의 유효물질이 경피에서 흡수력이 높아진다.

- 손의 반복적인 접촉을 통해 손의 양전하가 증가되고, 피부층의 음전하가 감소되는 전기 생리적 작용이 일어난다.

- 정신적 긴장을 완화, 진정시켜 주는 등 신경계에 영향을 미친다.

4. 전통마사지의 기본기법

전통마사지(스웨디쉬 마사지)의 특징은 다음 5가지 기본동작으로 구성되어 있다.

- **경찰법(쓰다듬기, effleurage, stoking)**

- **강찰법(마찰하기, friction)**

- **고타법(두드리기, tapotement)**

- **유찰법(반죽하기, petrissage)**

- **진동법(떨기, vibration)**

1. 경찰법(Effeurage, 쓰다듬기)

동작

손가락을 포함한 손바닥 전체를 피부와 접촉시켜 느린 동작으로 가볍게 쓰다듬는 동작이다. 이때 손가락과 손의 힘을 빼고 가볍게 피부에 올려놓은 후 행한다. 근육이 길 때는 근육의 시작점과 끝나는 점까지 쓰다듬어 준다.

효과

- 안면마사지의 시작과 끝부분에 특히 많이 사용되는 동작으로 오일을 처음 바를 때 사용한다.
- 천천히 지속적으로 실시할 때 자율신경계에 영향을 미쳐 피부에 휴식을 주며 진정·긴장완화작용을 하여 진정마사지법이라고도 한다.
- 활기찬 동작 사이의 연결동작으로 동작 사이의 휴식 느낌을 제공한다.
- 혈액과 림프액의 배출을 도와준다.
- 적당한 압으로 심장방향으로 실시함으로써 혈압순환을 촉진시켜준다.

 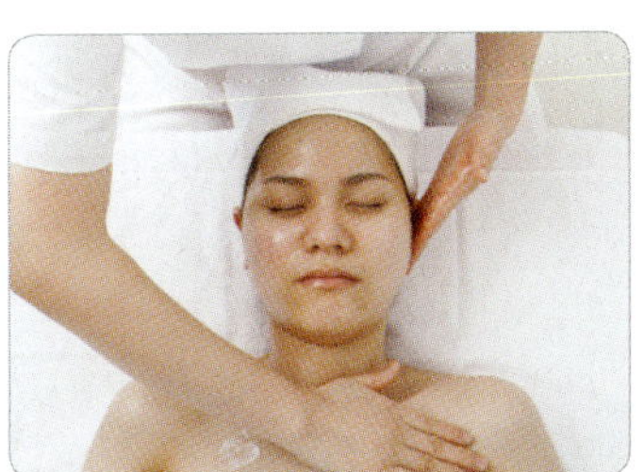 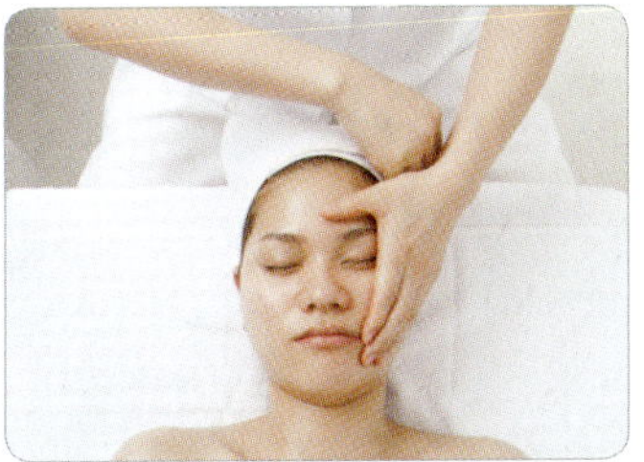

45

2. 강찰법(Friction, 문지르기, 마찰하기)

동작

두 손가락의 끝 부분을 피부에 대고 원을 그리는 등 조금씩 이동하는 동작이다. 변형된 형태로 비틀기, 꼬집기 등의 동작이 있다. 경찰법보다 강하게 진행하되 원운동을 하는 경우 안면 바깥 방향으로는 힘있게, 안면 중심방향으로는 가볍게 움직이며 압력을 변화시킨다.

적은 근육 또는 근육다발 위를 반복적으로 횡단하는 동작이며 표면적인 접촉으로 조직 내에 열을 생산할 만큼의 움직임을 줄 수 있다.

주름이 생기기 쉬운 부위인 이마, 입가, 눈가에 중점적으로 실시한다.

효과

- 혈액순환을 촉진시킨다.
- 탄력성을 증진시킨다.
- 결체조직을 강화시킨다.
- 근육의 긴장을 이완시킨다.

3. 고타법(Tapotement, 두드리기)

손가락 끝, 손의 측면, 손바닥, 주먹 등을 사용하여 두드리는 동작으로 두드림의 강도에 따라 피부에 더욱 강하게 또는 약하게 작용할 수 있다. 손가락 끝으로 두드리기는 안면마사지에 사용되고, 손의 측면 또는 주먹과 손 전체로 두드리기는 전신마사지에 사용된다.

- 혈액순환을 촉진시킨다.
- 탄력성을 증진시킨다.
- 결체조직을 강화시킨다.
- 근육의 긴장을 이완시킨다.

4. 유찰법(Petrissage, 반죽하기)

 **동작**

마사지법 중 가장 강한 동작으로 엄지와 검지 또는 나머지 네 손가락을 사용하여 근육부위를 잡아 쥐었다가 풀며 반죽하듯이 주무르는 동작이다. 얼굴의 경우, 특히 턱 또는 뺨 부위에 많이 실시한다.

 **효과**

- 근육의 경련을 없애준다.
- 결합조직과 근육의 유착을 제거하여 근육의 긴장을 이완시키고, 근육을 강화시켜 준다.
- 피부의 긴장도를 상승시켜 탄력을 유지시켜 준다.
- 혈관을 확장시켜 혈액순환을 촉진시켜 주며 조직으로부터 노폐물이 빨리 제거되도록 한다.

5. 진동법(Vibration, 진동법)

동작

손 전체 또는 손가락을 이용한다. 손가락 관절이나 손목 관절에 힘을 주고 두 손을 동시에 움직여 피부에 빠르고도 고른 진동을 준다. 이 동작의 효과는 손 외에 진동전류, 즉 교류를 이용한 기기를 사용하여 얻을 수도 있다.

효과

- 근육과 피부의 긴장을 이완시켜 준다.
- 혈액순환을 촉진시킨다.

5. 전통마사지 동작의 실행방법

1 마사지는 방향, 세기, 압력, 속도, 지속시간 등에 따라 효과가 다르다. 기본방향은 근육결의 방향을 고려한다. 얼굴의 근육은 표정에 따라 움직이는 표정근으로 되어 있으며, 표정근이 탄력성을 잃어 이완됨으로서 주름이 형성된다. 주름은 근육결 방향과 반대로 형성되므로 주름을 예방하려면 근육결 방향으로 동작을 실시해야한다. 만약에 방향이 잘못되면 오히려 주름을 만들 수도 있다.

2 전체적인 세기는 지나치게 강하게 하거나 약하게 하지 않고 적절하게 한다. 세기가 강하면 피부에 자극을 주며 예민하거나 얇은 피부인 경우, 특히 모세혈관과 림프관 등 결체조직이 파손될 우려가 있다. 일반적으로 동작은 안면 중심부에서 바깥쪽으로, 아래에서 위로 행할 때는 힘을 가하고 반대 방향의 경우 힘을 빼며 압점에서는 확실하게 압력을 준다.

3 속도는 일정하게 리듬에 맞추어 한다. 속도가 너무 빠르면 결합조직 깊숙이 효과를 주지 못하고 표면적인 효과만을 주어 휴식과 안정감을 가질 수 없다.

4 지속시간은 일반적으로 10~15분간 실시하고, 피부유형이나 피부상태에 따라 적절한 동작을 선택하고 반복횟수를 조절한다. 동일한 동작을 여러 번 반복할 경우 피부자극의 효과가 상승하므로 피부 민감도나 반응도에 따라 동일한 동작의 반복횟수를 정한다.

5 마사지 시 유의사항

1 고객이 충분한 휴식을 취할 수 있도록 주변 환경을 쾌적하고 조용하게 한다.

2 관리사의 손을 고객의 피부에 접촉시키는 것은 정신적으로 교감이나 반감으로 작용할 수 있으며, 동시에 효과를 상승 또는 저하시킬 수 있으므로 고객의 얼굴을 만지기 전에 손이 차면 따뜻하게 하고, 손에 크림, 로션을 발라 부드럽게 한다. 또한 관리사의 손이 건조하면 마사지 크림이 관리사의 손에 흡수될 수 있다.

3 마사지에 사용되는 제품은 피부 유형에 맞추어 선택하되 적절한 양을 사용하여 눈이나 코, 입에 들어가지 않도록 유의한다.

4 마사지 방법으로는 특별히 문제가 되는 일부 피부를 제외하고는 전통 마사지 방법을 실시하는데, 삼가야 하는 피부는 외상 또는 알레르기 증상 등 각종 피부질환이 있는 경우, 화농성 피부, 일소 후, 제모 후 등 자극에 의해 홍반현상이 나타나는 경우 등이다.

06 팩(Pack)과 마스크(Mask)

1 팩과 마스크의 개념

1. 팩과 마스크의 의미

현재 팩과 마스크의 용어는 혼용하지만 원래 팩이란 피부 위에 재료를 발라도 팩을 하는 동안 공기가 통할 수 있어 막을 형성하거나 굳어지지 않는 것을 의미한다. 막이 형성되지 않으므로 열과 수분이 통과할 수 있으며 닦을 때는 물로 헹구어 내거나 해면을 이용하여 닦아낸다.

마스크는 시술하는 동안 재료가 단단하거나 부드럽게 응고되어 하나의 막을 형성하게 되는 것을 의미한다. 외부와 공기가 차단되고 피부 내부로부터 수분증발이 차단되어 피부 보습력이 더욱 향상되고 유효성분의 침투가 용이하게 된다. 또한 건조화를 통해 피부 위에서의 긴장감과 수축효과를 얻을 수도 있다.

팩은 제품에 따라 일반적으로 주 1~2회 사용하며, 피부미용실뿐 아니라 집에서도 혼자 관리할 수 있도록 편리하게 나온 제품들이 많다.

2. 팩과 마스크의 특성

1. 팩의 특성

1 굳지 않고 부드럽다.

2 바른 후 시간이 경과하여도 제품의 상태가 변하지 않는다.

3 얼굴에 도포 후 15~20분이 지나면 닦아 낸다.

2. 마스크의 특성

1 도포 후 굳거나 마른다.

2 시간이 지나면 필름과 같은 막이 형성되거나 안면모양으로 굳는다.

3 공기가 차단된 상태로 마르므로 열, 수분, 영양 손실을 막을 수 있다.

4 마스크를 바른 후 마르는 동안 근육을 움직이면 주름이 생기므로 주의해야 한
다.

3. 팩(마스크)의 효과와 방법

 **팩(마스크)의 효과**

팩(마스크)의 효과는 함유된 유효성분과 팩(마스크)의 재료상태, 팩(마스크)을 하는 동안의 온도 등에 따라 각기 다르며 다음과 같은 다양한 효과를 거둘 수 있다.

- 순환촉진(혈액순환, 림프순환)
- 신진대사 촉진
- 피지, 노폐물 흡착 등으로 피부청정효과
- 각질제거의 필링효과
- 보습, 세포재생, 탄력강화효과
- 진정효과
- 염증완화, 살균효과
- 미백효과
- 탄력효과

팩(마스크)은 피부관리 단계 중 딥클렌징 후 또는 마사지 후에 적용하는데, 피부 유형에 적합한 제품을 선택하는 것이 중요하고, 선택한 제품의 사용방법을 정확히 확인한 후 실시한다. 일반적으로 팩의 도포시간은 10~30분이나 제품에 따라 각각 다르다.

크림이나 젤 형태의 제품은 직접 손으로 바르는 것이 좋고, 분말 등의 형태로 정제수나 액체로 혼합하여 사용하게 되어 있는 팩은 붓 또는 주걱으로 바른다.

 일반적인 팩 바르는 순서는 턱, 볼, 코, 이마의 순서로 안에서 바깥방향으로 바른다. 눈 부위는 진정용 화장수나 정제수를 적신 아이패드로 반드시 덮어 고객에게 안정감을 주도록 한다. 특별히 눈 주위의 피부가 붓거나 건조한 경우에는 팩하는 동안, 이러한 피부상태에 적절한 눈 전용 팩을 사용하며 입술이 건조한 경우에는 보습용 영양크림을 두껍게 발라준다.

2 팩의 분류

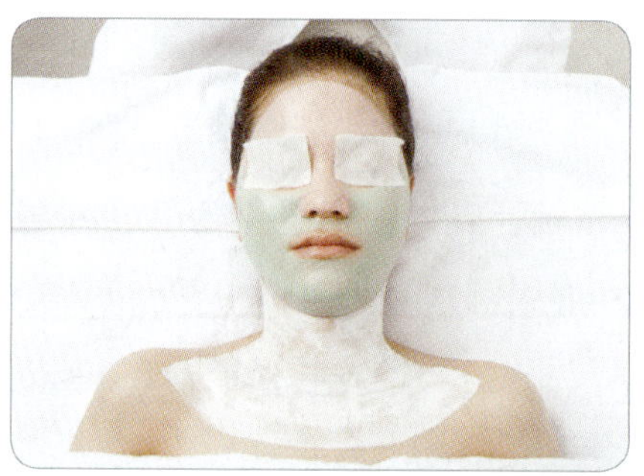

1. 팩 제거 방법에 의한 분류

1. 필름막을 떼어내는 방법(필-오프 타입, Peel off type, Film type)

젤이나 액체 형태로 되어 있으며 건조되면서 피부에 긴장감을 주며 얇은 필름막을 형성한다. 필름막을 떼어낼 때 피지, 불순물 및 죽은 각질세포가 함께 제거되어 딥클렌징, 피부청정효과가 있으며 대체로 보습성분이 첨가된다. 사용 시 얇고 균일하게 발라야 쉽게 건조되어 필-오프 타입 마스크의 효과를 볼 수 있으며, 마스크 제거 시 피부에서 떼어낼 때는 특별히 피부가 자극을 받지 않도록 유의하여야 한다. 고무마스크와 석고마스크는 필 오프타입에 속한다.

2. 물로 씻어 제거하는 방법(워쉬-오프 타입, Wash off type)

크림, 젤, 거품, 클레이, 분말 등 다양한 형태가 있다. 팩을 바르고 제품에 따라 10~30분의 적정시간이 지난 후 젖은 해면과 습포를 이용하거나 미온수로 세안하여 제거한다. 피부에 자극을 주지 않고 가볍게 제거되며 물로 씻어내므로 사용 후 상쾌한 느낌을 받는다. 가정용 마스크의 대부분은 이에 속한다.

3. 티슈로 닦아내는 방법(티슈-오프 타입, Tissue off type)

대부분 흡수가 잘되는 크림이나 젤 형태로 되어 있으며 10~15분 후 흡수되지 않는 여분의 제품은 티슈로 가볍게 닦아낸다. 또한 흡수가 많이 된 경우에도 굳이 닦아내지 않고 그대로 두어도 무관하다. 팩은 피부에 남아 있어도 일반적으로 모공을 막을 우려가 없으며 물로 제거하지 않으므로 보습, 영양공급효과가 뛰어나 건성·노화 피부에 적당하다.

2. 팩 재료의 형태에 의한 분류

1. 크림형태

사용감이 부드럽고 보습, 유연효과가 뛰어나 민감성, 건성, 노화피부에 사용하기 적합하다. 10~15분 후에 물로 씻어내는 워시-오프 타입과 닦아내는 티슈-오프 타입이 있다.

2. 젤 형태

젤이 건조되어 얇은 피막을 형성하는 형태와 건조되지 않는 형태의 두 가지로 분류될 수 있다. 전자는 필-오프 타입으로 제거되며 후자는 워쉬-오프 타입으로 제거되는데, 전자의 경우 각질제거의 효과를 주며, 후자의 경우는 진정·보습효과를 주어 유분에 민감한 지성피부, 민감성 피부에 효과적이다.

3. 분말 형태

약초추출물, 해조추출물, 한방재료, 효소 등 다양한 원료를 분말화한 것으로 바르기 직전에 화장수나 정제수 또는 젤 등과 혼합하여 사용한다.

건조화 될수록 피부의 보습 양을 빼앗길 뿐 아니라 피부에 자극을 줄 수 있으므로 쉽게 마르지 않도록 젖은 거즈로 얼굴을 덮은 후 그 위에 팩을 바르기도 한다. 또한 분말 형태의 팩은 크림 형태에 비해 유효성분의 흡수가 느리므로 팩 위에 스팀, 온습포, 적외선 등을 이용하면 흡수를 촉진시키는 데 도움을 준다. 팩 제거 시에는 젖은 해면 또는 습포로 제거하거나 물로 씻어낸다.

4. 클레이 형태

진흙, 점토 등이 주성분으로 카올린, 탈크, 아연, 이산화티탄 등의 분말성분과 글리세린 등의 보습성분을 혼합하여 만든 형태이다.

분말에 비해 쉽게 마르지 않으며, 일정시간 경과 시 제품에 함유된 수분이 증발하면서 조금씩 마른다. 우수한 흡착능력은 피지 등 피부노폐물의 제거에 효과적이므로 건성·노화피부보다는 복합성·지성·여드름성 피부에 적합하다.

1. 석고 마스크

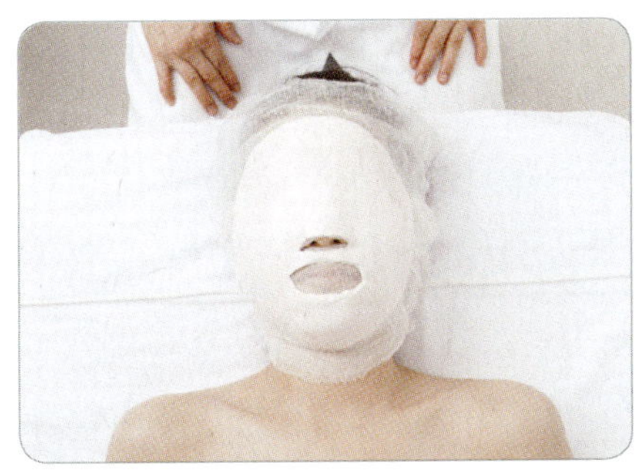 

석고 마스크는 얼굴의 윤곽을 만들어 준다는 의미로, 고무마스크와 함께 모델링 마스크라고 부르기도 한다. 분말형태로 되어 있어 정제수 또는 화장수, 석고용 특수용액 등과 섞어 걸쭉하게 바르면 1~2분 후 차츰 응고되며 마스크의 온도가 올라가 피부에 약 10분간 열(38℃~42℃)이 지속된 후 약 10분간은 서서히 온도가 내려가 차가워진다. 얼굴, 팔, 다리, 가슴 등의 신체 모든 부위에 적절하게 사용 가능하며, 바디관리에는 가슴탄력 관리, 튼살 관리, 셀룰라이트 관리, 슬리밍 관리에 이용된다. 일반적으로 피부 유형과 관계없이 모든 피부에 사용이 가능하지만, 특히 건성피부, 탄력 없는 노화피부에 혈액순환을 촉진시키는데 효과적으로 사용된다. 지성피부의 경우에도 피지, 노폐물이 흡착되어 맑아지는 효과를 볼 수 있으나 여드름성 피부, 모세혈관 확장증, 예민성 피부에는 열로 인해 피부자극을 받을 수 있으므로 사용을 하지 않는 것이 좋다. 특히 필링 직후, 사우나 직후, 강한 햇빛을 받은 직후 등 피부가 예민해지고 붉어져 있는 피부상태에는 피부자극으로 인해 사용하지 말아야 한다.

 **얼굴 적용절차**

1 목의 주름이 펴지도록 목덜미에 타월을 둥글게 말아 편하게 댄다.

2 모발에 크림이나 석고가 묻지 않게 머리의 터번을 티슈로 잘 싼다.

3 소독한 손으로 눈 주위에는 아이크림을 바르고 눈썹 부위와 입술을 포함하여 얼굴 전체에는 피부 유형별 영양크림 또는 석고 전용 베이스크림을 조금 두껍게, 빈틈없이 헤어라인 잔털까지 모두 바른다.

4 눈썹을 포함하여 눈 부위에 아이패드를 조금 넓고 두껍게 만들어 덮어 보호한다.

5 미리 숨구멍을 내고 물기를 꽉 짠 젖은 거즈를 피부에 밀착시킨다.

6 파우더를 볼에 담아 가루가 뭉쳐 있지 않도록 조금 흔들어 균일하게 만들어 준 후, 약 22℃의 물에 적절한 양을 섞은 후 한 방향으로 빠르게 저어준다. 파우더가 너무 묽게 되면 바를 때 흐르게 되고, 되직하면 빨리 굳어져 바르기 힘들므로 반죽상태에 주의해야 한다(물의 온도가 높을수록 빨리 굳어지고 열을 더 많이 발산하는 특성이 있다는 것을 유념해야 한다. 국가자격시험에서는 찬물을 사용해도 무방하다).

7 석고 도포 시 큰 스파튤라를 사용하여 신속하게 일정한 두께로 얼굴의 골격을 알 수 있도록 바른다. 국가자격시험에서의 도포범위는 얼굴에서 목의 경계부위(턱 하단포함)까지 이므로 딥클렌징 도포처럼 턱선까지만 도포해서는 안된다. 또한 도포 시 코는 호흡에 방해가 되지 않도록 주의해야 한다.

8 열이 올라갔다가 완전히 식으면 양 턱선에 손을 대고 가볍게 석고를 움직인 후 아래에서 윗방향으로 떼어낸다.

9 마스크를 제거한 후 피부에 남아있는 크림을 헤어면처리 후 냉습포로 닦아 내고 화장수로 피부를 정돈한 후 아이, 립크림, 영양마무리 크림을 바르고 수변정리를 한다.

10 석고마스크 용기에 남아 있는 석고 잔여물을 세면대에서 바로 씻어내지 않고 응고시킨 후 잘 부서뜨려서 쓰레기통에 버린다.

2. 고무 마스크

주로 해조류에서 추출한 다양한 활성성분이 주성분인 마스크이며 파우더 상태로 되어 있어 제품에 따라 물이나 특수용액과 혼합하여 바르면 마치 고무막과 유사하게 응고되면서 마스크의 활성성분이 흡수된다.

해조류 중 갈색해조와 녹색해조류에서 주로 알긴산과 같은 활성성분을 추출해낸다. 마스크가 굳어져 외부 공기를 완전 차단시킴으로써 마스크에 함유된 다양한 활성성분(미네랄, 미량원소, 비타민, 효소, 아미노산 등)이 피부 깊숙이 흡수되어 신진대사 촉진, 해독, 수분공급의 효과를 주고, 모델링 효과도 준다. 얼굴과 전신의 모든 부위에 사용 가능하며 해조 추출성분 외에 추가목적에 따라 다양한 성분이 함유될 수 있으며, 바디관리에는 슬리밍, 탄력관리를 위해 사용된다. 얼굴용 마스크는 마스크의 온도가 체온보다 낮아 진정효과를 주므로, 특히 예민피부, 여드름피부에 효과적으로 적용된다.

얼굴 적용절차

1 마스크가 묻지 않게 머리의 터번을 티슈로 잘 싼다.

2 손 소독 후 아이·립크림을 바르고 아이패드를 한다.

3 파우더를 제품에 따라 정제수에 혼합하여 큰 스파튤라를 이용하여 눈, 코, 양 볼, 이마, 턱을 바르고 코에는 호흡에 방해가 되지 않도록 주의해야 한다. 입은 바를 수도 있으나 고객의 요구에 따라 바르지 않아도 된다. 국가자격시험에서는 고무마스크 도포 전 특수 앰플이나 거즈는 적용할 필요는 없다.

4 수분 후 마스크는 고무 형상으로 굳어지고 고객은 시원한 느낌을 받는데 20분 후에 밑에서부터 윗방향을 향해 한 장의 고무판으로 제거해 낸다. 제거 전 젖은 해면으로 가장자리를 젖혀서 마른 가루가 날리지 않도록 주의하여 양손으로 제 거한다.

5 화장수로 피부를 정돈한 후 아이·립크림, 영양마무리 크림을 바르고 주변정리 를 한다.

제모 (Depilation and Epilation)

1 제모의 정의

제모란, 미용상 혹은 미관상 털이 저해요소로 작용할 때 털을 제거하는 것을 말한다. 예를 들어 얼굴에 있는 솜털로 인해 메이크업이 잘 받지 않거나 팔, 다리, 액와 등 노출된 부위에 털이 많아 외관상 아름다워 보이지 않을 때, 신체에서 불필요한 털을 제거하는 것이다.

제모의 적용 부위로는 얼굴(눈썹 부위, 이마, 코 밑 부위, 턱, 얼굴 전체), 액와, 팔, 다리, 서혜부, 목 뒤 헤어라인 부위 등이다.

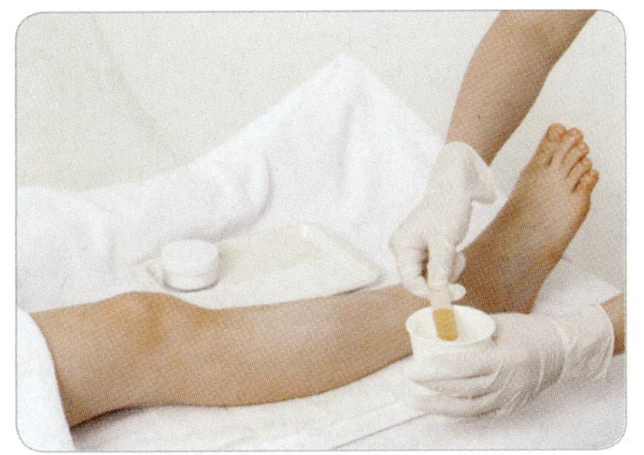
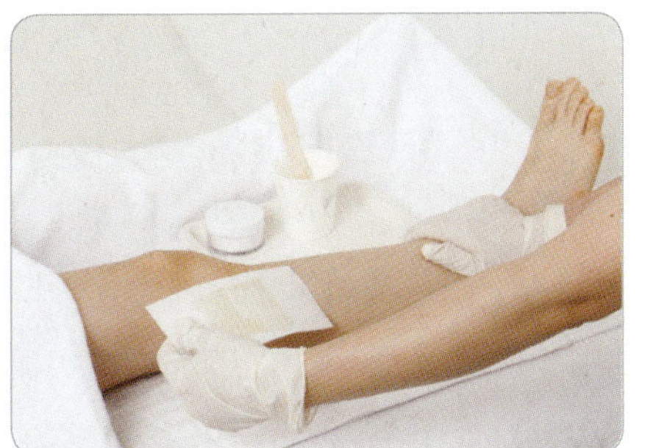

2 일시적 제모(Depilation)

털을 한시적으로 제거하는 방법이다. 피부 표면으로 나와 있는 털의 모간 또는 모근까지만 제거되므로 털이 곧 다시 성장하게 되어 정기적으로 제모를 실시해야만 깨끗한 피부를 유지할 수 있다.

1. 면도기를 이용한 제모(Shaving)

피부 표면의 높이에서 털을 자르는 방법으로 모간만을 제거하게 된다. 다리, 액와, 얼굴 등 짧은 시간에 가장 손쉽게 할 수 있는 방법이나, 털이 곧 자라나오며 면도를 정기적으로 할수록 점점 굵고 거세게 보이는 단점이 있다. 감염되거나 쉐이빙 크림으로 인한 부작용으로 피부염을 일으킬 수 있으므로 면도 후 이를 예방하기 위해 항염물질이 함유된 크림 또는 연고를 발라두는 것이 좋다. 면도는 1주에 1~2회 정도 하는데 목욕이나 샤워를 한 후 털이 부드러워졌을 때 클렌저로 충분히 거품을 내어 모공을 약간 확장시킨 후 면도를 실시한다.

2. 핀셋을 이용한 제모(Tweezing)

좁은 부위에 난 털을 제거할 때, 예를 들어 눈썹 수정 시 이용하며 왁스제모 후 덜 뽑힌 털을 제거할 때에도 이 방법을 이용한다. 모간까지 제거되어 면도를 했을 때보다는 털이 성장할 때가지 시일이 더 걸리나 지속적으로 실시했을 때 피부가 늘어지는 단점이 있다.

3. 화학적인 제모

크림, 액체, 연고 형태로 함유된 화학성분이 털을 연화시켜 털이 피부 표면 높이에서 제거된다. 제모제를 사용한 후 털의 성장이 빨라진다든가 털의 굵기가 굵어진다든가 또는 털의 성질에 변화가 일어나는 경우는 거의 없다. 제모제는 강알칼리성으로 장시간 사용하면 피부를 자극하므로 유의하여야 한다. 처음 사용할 때에는 사용 전 미리 첩포 실험을 하는 것이 안전하다. 첩포 실험 시에는 팔 안쪽의 털이 없는 부위에 소량의 제모제를 바르고 사용방법에 따라 일정시간(5~10분 정도) 발라두어 홍반 발생 여부를 관찰한다.

- 얼굴에는 사용하지 않아야 하며 사용 전에는 반드시 피부를 깨끗하게 건조시킨 후 피부를 깨끗하게 건조시킨 후 적당량을 바른다. 이때 주변의 피부에는 바셀린을 발라 보호한다.
- 일정 시간(5~10분 정도)이 지난 후 제모제와 털을 온수로 씻어낸다.
- 산성 화장수를 바르고 진정로션이나 크림을 흡수시켜 준다.

4. 왁스(Wax)를 이용한 제모

면도나 화학적 제모가 피부 표면의 위치에서 털이 제거되는 것과는 달리 모근으로부터 털이 제거되므로 털이 다시 자라나오는 데는 좀더 약 4~5주가 걸린다.

온왁스 (Warm wax)

상온에서 굳은 상태로 있는 왁스로, 왁스포트에 데워 녹여서 사용하는 왁스이다. 약 50℃ 정도에서 유동성이 된 왁스를 피부에 바른 후 곧 광목천을 부착시켜 한 번에 떼어내면 털이 광목천에 부착되어 제거된다. 왁스를 바른 후 광목천으로 떼어내기까지 시간이 지나치게 지체되면 왁스가 응고되어 털이 잘 제거되지 않는다.

온왁스 실시 전에는 왁스의 온도를 미리 감지한 후 사용하여야 하며 온도가 너무 높으면 화상당할 우려가 있으므로 조심하여야 한다.

냉왁스 (Cool wax)

실내온도에서 유동상태로 되어 있어 데우지 않고 곧바로 사용할 수 있다. 데우는 번거로움이 없는 장점이 있으나 굵거나 거센 털은 온왁스에 비해 잘 제거되지 않는 단점이 있다.

3 제모 시술시 주의사항

- 일광노출이나 어떤 자극으로 인한 과민피부, 염증, 상처 등의 피부질환이 있는 경우 제모를 금한다.
- 정맥류, 혈관이상 증상이 있는 경우 제모를 금한다.
- 사마귀 또는 점 부위의 털은 제모를 금한다.
- 장시간의 목욕 또는 사우나 직후에는 금한다.
- 제모 전 제모 할 부위는 유분기와 땀이 없도록 청결한 상태라야 한다.
- 제모 후 24시간 내에는 피부감염 방지를 위해 목욕, 세안, 비누사용, 메이크업, 일광노출을 피한다.

4 제모를 금해야 하는 경우

- 당뇨병 환자
- 정맥류 등 혈관 이상이 있는 경우
- 사마귀, 점 부위에 털이 나 있는 경우
- 상처나 피부염이 있는 경우
- 일광으로 화상을 입은 경우
- 일광으로 인해 피부가 붉게 달아오르는 자극을 받아 예민한 경우
- 간질환자
- 모세혈관 확장증이 있는 경우

PART 2
국가자격 피부미용 실기시험의 이해

CHAPTER 01 국가기술자격 실기시험문제

1 수험자 유의사항(전 과제 공통)

자격종목	미용사(피부)	과제명	피부관리

1. 수험자는 반드시 위생복(상의는 흰색 반팔 가운, 하의는 흰색 긴바지로 모든 복식은 흰색으로 통일한다. 단, 머리 장식품(핀 등)을 사용 시에는 검은색 착용), 마스크 및 실내화 색상은 흰색 통일을 착용하여야 하며, 복장 등에 소속을 나타내거나 암시하는 표시가 없어야 하고 눈에 띄어 표식이 될 수 있는 액세서리의 착용을 금지한다.

2. 수험자는 시험 중에 필요한 물품(습포, 왁스 등)을 가져오거나 관리상 필요한 이동을 제외하고 지정된 자리를 이탈하거나 다른 수험자와 대화 등을 할 수 없으며, 질문이 있는 경우는 손을 들고 감독위원이 올 때까지 기다린다.

3. 사용되는 해면과 코튼은 반드시 새 것을 사용하고 과제 시작 전 사용에 적합한 상태를 유지하도록 미리 준비한다.

4. 시험 시 사용되는 타월은 대형과 중형은 지참재료상의 지정된 수량만큼만 사용하고, 소형은 필요시 더 사용할 수 있다.

5 수험자는 작업에 필요한 습포를 시험 시작 전 미리 준비(온습포는 과제당 6매까지) 온장고에 보관할 수 있으며, 비닐 백(지퍼백 등)에 비번호 기재 후 보관하여야 한다.

6 모델은 반드시 화장(파운데이션, 마스카라, 아이라인, 아이섀도우, 눈썹 및 입술 화장(립스틱 사용) 등이 되어 있어 있어야 한다.(남자모델의 경우도 동일)

7 관리 대상부위를 제외한 나머지 부위는 노출이 없도록 수건 등으로 덮어둔다.(단, 팔은 노출이 가능)

8 팩과 딥클렌징 제품을 제외한 화장품은 어느 한 피부타입에만 특화되지 않고 모든 피부타입에 사용해도 괜찮은 타입(올스킨타입 혹은 범용)을 사용한다.

9 위생복을 입지 않은 경우, 모델의 가운을 지참하지 않은 경우, 주요 화장품을 덜어서 온 경우는 시험 대상에서 제외한다.

10 다음의 경우에는 득점과 관계없이 채점대상에서 제외한다.

- 시험 전 과정을 응시하지 않은 경우
- 시험 도중 시험실을 무단 이탈하는 경우
- 부정한 방법으로 타인의 도움을 받거나 타인의 시험을 방해하는 경우
- 무단으로 모델을 수험자간에 교환하는 경우
- 기타 국가자격검정 규정에 위배되는 부정행위 등을 하는 경우

11 제시된 작업시간 안에 세부작업을 끝내며, 각 과제의 마지막 작업 시에는 주변 정리를 함께 끝내야 한다. 각 세부작업 시험시간을 초과하는 경우는 해당되는 세부작업을 0점 처리 한다

12 복장규정에 어긋나는 경우, 관리범위를 지키지 않는 경우(관리 범위 중 일부를 하지 않거나 범위를 벗어나는 것 모두 해당), 작업순서를 지키지 않는 경우, 눈썹을 사전에 모두 정리해서 오는 경우 등은 감점의 대상이 되며, 지압 및 강한 두드림 등의 안마행위를 하는 경우 및 눈썹과 체모가 없는 경우는 해당 작업을 0점 처리한다.

2 제 1과제 얼굴관리

자격종목	미용사(피부)	과제명	얼굴관리

- **시험시간** : O 표준시간 : 2시간 15분
  - 1과제 : 1시간25분(준비작업시간 및 위생 점검시간 제외)
  - 2과제 : 35분(준비작업시간 제외)
  - 3과제 : 15분(준비작업시간 제외)

1. 요구사항

 다음과 같이 준비작업을 하시오.

1. 클렌징 작업 전, 과제에 사용되는 화장품 및 사용재료를 관리에 편리하도록 작업대에 정리하시오.
2. 베드는 대형수건을 미리 세팅하고, 재료 및 도구의 준비, 개인 및 기구 소독을 하시오.
3. 모델을 관리에 적합하게 준비(복장, 헤어터번, 노출관리 등)하고 누워 있도록 한 후 감독위원의 준비 및 위생점검을 위해 대기하시오.

 아래 과정에 따라 모델에게 피부미용 작업을 하시오.

순서	작업명	요구내용	시간	비고
1	관리계획표 작성	제시된 피부타입 및 제품을 적용한 피부 관리 계획을 작성하시오.	10분	
2	클렌징	지참한 제품을 이용하여 포인트 메이크업을 지우고 관리범위를 클렌징 한 후, 코튼 또는 해면을 이용하여 제품을 제거하고, 피부를 정돈하시오.	15분	도포 후 문지르기는 2~3분 정도 유지하시오.
3	눈썹정리	족집게와 가위, 눈썹 칼을 이용하여 얼굴형에 맞는 눈썹모양을 만들고, 보기에 아름답게 눈썹을 정리하시오.	5분	눈썹을 뽑을 때 감독확인 하에 작업하시오.
4	딥클렌징	스크럽, AHA, 고마쥐, 효소의 4가지 타입중 지정된 제품을 이용하여 얼굴에 딥클렌징 한 후, 피부를 정돈하시오.	10분	(한쪽 눈썹에만 작업하시오)
5	손을 이용한 관리 (매뉴얼테크닉)	화장품(크림 혹은 오일타입)을 관리부위에 도포하고, 적절한 동작을 사용하여 관리한 후, 피부를 정돈하시오.	15분	제시된 지정타입만 사용하시오.

순서	작업명	요구내용	시간	비고
6	팩	팩을 위한 기본 전처리를 실시한 후, 제시된 피부타입에 적합한 제품을 선택하여 관리부위에 적당량을 도포하고, 일정시간 경과 뒤 팩을 제거한 후, 피부를 정돈하시오.	10분	
7	마스크 및 마무리	마스크를 위한 기본 전처리를 실시한 후, 지정된 제품을 선택하여 관리부위에 작업하고, 일정시간 경과 뒤 마스크를 제거한 다음 피부를 정돈한 후 최종마무리와 주변 정리를 하시오.	20분	팩을 도포한 부위는 코튼으로 덮지 마시오.

2. 수험자 유의사항

1 지참 재료 중 바구니는 웨건의 크기(가로×세로)보다 큰 것은 사용할 수 없다.

2 관리계획표는 제시되어진 조건에 맞는 내용으로 시험에서의 작업에 의거해 작성.

3 필기도구는 흑색(혹은 청색) 볼펜만을 사용하여 작성.

4 눈썹정리 시 족집게를 이용하여 눈썹을 뽑을 때는 감독위원의 입회하에 실시하되, 감독위원의 지시를 따른다.

5 팩은 요구되는 피부타입에 따라 제품을 선택하여 사용하고, 붓 또는 스파튤라를 사용하여 관리 부위에 도포한다.

6 마스크의 작업 부위는 얼굴에서 목 경계부위까지로 작업 시 코와 입에 호흡을 할 수 있도록 해야 한다.

7 얼굴 관리 중 클렌징, 손을 이용한 관리, 팩 작업에서의 관리범위는 얼굴부터 데 콜테(가슴(brest)은 제외)까지를 말하며, 겨드랑이 안쪽 부위는 제외된다.

8 모든 작업은 총 작업시간의 90% 이상을 사용한다.(단, 관리계획표 작성은 제외)

3 제 2과제 팔 다리관리

자격종목	미용사(피부)	과제명	팔, 다리 관리

- **시험시간** : O 표준시간 : 2시간 15분
  - 2과제 : 35분(준비 작업시간 제외)

1. 요구사항

팔, 다리 관리를 하기 위한 준비 작업을 하시오.

1 과제에 사용되는 화장품 및 사용재료는 작업에 편리하도록 작업대에 정리하시오.

2 모델을 관리에 적합하도록 준비하고 베드 위에 누워서 대기하도록 하시오.

 아래 과정에 따라 모델에게 피부미용 작업을 하시오.

순서	작업명		요구내용	시간	비고
1	손을 이용한 관리 (매뉴얼 테크닉)	팔(전체)	모델의 관리부위(오른쪽 팔, 오른쪽 다리)를 화장수를 사용하여 가볍고 신속하게 닦아낸 후 화장품(크림 혹은 오일타입)을 도포하고, 적절한 동작을 사용하여 관리하시오.	10분	총 작업시간의 90% 이상을 유지하시오.
		다리 (전체)		15분	
2	제모		왁스 워머에 데워진 핫 왁스를 필요량만큼 용기에 덜어서 작업에 사용하고, 다리에 왁스를 부직포 길이에 적합한 면적만큼 도포한 후, 체모를 제거하고 제모부위의 피부를 정돈하시오.	10분	제모는 좌우 구분이 없으며 부직포 제거 전 손을 들어 감독의 확인을 받으시오

2. 수험자 유의사항

1 손을 이용한 관리는 팔과 다리가 주 대상범위이며, 손과 발의 관리 시간은 전체 시간의 20%를 넘지 않도록 한다.

2 제모 시 발을 제외한 좌·우측 다리(전체) 중 적합한 부위에 한번만 제거한다.

3 관리부위에 체모가 완전히 제거되지 않았을 경우 족집게 등으로 잔털 등을 제거한다.

4 제모 작업은 7×20cm 정도의 부직포 1장을 이용한 도포 범위(4~5 × 12~14 cm)를 기준으로 한다.

4 제 3과제 림프를 이용한 피부관리

자격종목	미용사(피부)	과제명	림프를 이용한 피부 관리

- **시험시간** : O 표준시간 : 2시간 15분
  - 3과제 : 15분(준비작업시간 제외)

1. 요구사항

📢 림프관리에 적합한 준비작업을 하시오.

1 과제에 사용되는 화장품 및 사용재료는 작업에 편리하도록 작업대에 정리하시오.

2 모델을 작업에 적합하도록 준비하시오.

📢 아래 과정에 따라 모델에게 피부미용 작업을 하시오.

순서	작업명	요구내용	시간	비고
1	림프를 이용한 피부관리	적절한 압력과 속도를 유지하며 목과 얼굴 부위에 림프절 방향에 맞추어 피부관리를 실시하시오. (단, 에플라쥐 동작을 시작과 마지막에 하시오)	15분	종료시간에 맞추어 관리하시오.

2. 수험자 유의사항

1 작업 전 관리부위에 대한 클렌징 작업은 하지 마시오.

2 관리 순서는 먼저 실시한 후 첫 시작지점은 목 부위(profundus)부터 하되, 림프절 방향으로 관리하며, 림프절의 방향에 역행되지 않도록 주의하시오.

3 적절한 압력과 속도를 유지하고, 정확한 부위에 실시하시오.

5 관리계획차트

자격종목	미용사(피부)	과제명	관리계획표 작성

■ **시험시간** : O 표준시간 : 2시간 15분

　　　　● 1과제 세부과제 : 10분

아래 예시에서 주어진 조건에 맞는 관리계획표를 작성하시오.

1 얼굴의 피부타입은 팩 사용의 부위별 피부타입을 기준으로 결정하시오. 타입(건성, 중성(정상), 지성, 복합성)만으로 구분하시오.

2 팩 사용을 위한 부위별 피부 상태(타입)

　　■ T-존 :

　　■ U-존 :

　　■ 목 부위 :

3 딥클렌징 사용제품 :

4 마스크

 **기타 유의사항**

관리계획표의 클렌징, 매뉴얼테크닉용 화장품은 본인이 시험장에서 사용하는 제품의
제형을 기준으로 하시오

관리계획 차트 (Care Plan Chart)			
비번호	형별	시험일자 20 . . . (부)	
관리목적 및 기대효과	관리목적 :		
	기대효과 :		
클렌징	□오일　　　　□크림　　　　□밀크/로션　　　□젤		
딥클렌징	□고마쥐(gommage)　　□효소(enzyme)　　□AHA　　□스크럽		
매뉴얼 테크 닉 제품타입	□오일　　　　　□크림		
손을 이용한 관리형태	□일반　　　　□림프		
팩	T존 : 　□건성타입팩　　□정상타입팩　　□지성타입팩		
	U존 : 　□건성타입팩　　□정상타입팩　　□지성타입팩		
	목부위 : □건성타입팩　　□정상타입팩　　□지성타입팩		
마스크	□석고 마스크　　　　□고무모델링마스크		
고객 관리 계획			
자가 관리 조언 (홈케어)	제품을 사용한 관리 :		
	기타 :		

※ 관리계획표는 요구하는 피부타입에 맞추어 시험장에서의 관리를 기준으로 할 것

※ 고객관리계획은 향후 주단위의 관리계획을, 자가관리조언은 가정에서의 제품 사용을 위주로 간단하고 명료하게 작성하여 수정 시 두 줄로 긋고 다시 쓸 것

※ 체크하는 부분은 주가 되는 하나만 할 것

※ 고객관리 계획에서 마스크에 대한 사항은 제외하며, 마무리에 대한 사항은 작성하시오.

6 수험자 지참 공구목록

일련 번호	지참 공구명	규격	단위	수량	비고
1	위생복	상의 반팔 가운, 하의 긴 바지	벌	1	모든 복식은 흰색 통일
2	실내화	흰색	켤레	1	실내화만 허용
3	마스크	흰색	개	1	
4	대형타월	100×180cm, 흰색	장	2	베드용, 모델용
5	중형타월	65×130cm, 흰색	장	1	
6	소형타월	35×80cm, 흰색	장	5장 이상	습포, 건포용
7	헤어터번(터번)	벨크로(찍찍이)형	개	1	분홍색 or 흰색
8	여성모델용 가운 및 겉가운	밴드(고무줄, 벨크로)형 일반형(겉가운)	벌	1	분홍색 or 흰색
9	남성모델용 옷	박스형 반바지 & T-셔츠	벌	1	하의-베이지 or 남색 상의-흰색

일련 번호	지참 공구명	규격	단위	수량	비고
10	모델용 슬리퍼		켤레	1	
11	필기도구	볼펜	자루	1	검은색 or 청색
12	알콜 및 분무기		개	1	필요량
13	일반솜		봉	1	탈지면, 필요량
14	비닐봉지, 비닐백	소형	장	각1	쓰레기처리용, 습포 보관용(두터운 비닐백)
15	미용솜		통	1	화장솜
16	면봉		봉	1	필요량
17	티슈		통	1	필요량
18	붓		개	2	클렌징, 팩용
19	해면		세트	1	필요량
20	스파튤라		개	3	클렌징, 팩용
21	보울(bowl)		개	3	클렌징, 팩 등
22	가위	소형	개	1	눈썹정리, 제모
23	족집게		개	1	눈썹정리, 제모
24	브러시		개	1	눈썹정리, 제모
25	눈썹 칼	safety razer	개	1	눈썹정리
26	거즈		장	1	
27	아이패드		개	2	거즈, 화장솜 가능
28	나무 스파튤라		개	1	제모용

일련 번호	지참 공구명	규격	단위	수량	비고
29	부직포	7×20 cm	장	1	제모용
30	장갑	라텍스	켤레	1	제모용
31	종이컵	100ml	개	1	제모용
32	보관통	컵형	개	2	스파튤라, 붓 등
33	보관통	뚜껑달린 통	개	2	알코올 솜 등
34	해면볼	소형	개	1	
35	바구니		개	2	정리용 사각
36	트레이(쟁반)	소형	개	1	습포용
37	효소		개	1	파우더형
38	고마쥐		개	1	크림형 or 젤형
39	AHA	함량 10 % 이하	개	1	액체형
40	스크럽제		개	1	크림형 or 젤형
41	팩	크림타입	set	1	정상, 건성, 지성
42	스킨토너(화장수)		개	1	모든피부용
43	크림,오일	매뉴얼테크닉용	개	1	모든피부용
44	탈컴파우더		개	1	제모용
45	진정로션 혹은 젤		개	1	제모용
46	영양크림		개	1	모든피부용
47	아이 및 립크림		개	1	//, (공용사용가능)

일련 번호	지참 공구명	규격	단위	수량	비고
48	포인트메이크업 리무버	아이, 립	개	1	모든피부용
49	클렌징제품	얼굴 등	개	1	모든피부용
50	고무볼	중형	개	1	마스크용
51	석고마스크	파우더타입	개	1	1인 사용량
52	고무모델링마 스크	파우더타입	개	1	1인 사용량
53	베이스크림	크림타입	개	1	석고마스크용
54	모델		명	1	

※ 타월류의 경우는 비슷한 크기이면 무방하다.

※ 기타 필요한 재료의 지참은 가능하다.

※ 팩과 마스크, 딥클렌징용 제품을 제외한 다른 모든 화장품은 모든 피부용을 지참한다.

※ 바구니의 경우 웨건 크기보다 크면 사용할 수 없다.

※ 부직포는 지정된 길이에 맞게 미리 잘라서 간다.

7 검정장소 시설목록과 지급재료 목록

시설목록

일련 번호	장비 및 시설명	규격	단위	수량	비고
1	베드	1인용	개	1	1인당
2	탈의실		개소	적정수	모델용
3	냉. 난방시설		대	적정수	실당
4	wax warmer	can type	대	1	7인당
5	온장고	중형이상	대	1	7인당
6	의자	베드와 높이 맞는 것	개	1	1인당
7	작업대	웨건 or 책상	개	1	1인당
8	전기시설		개소	1	실당
9	수도시설		개소	적정수	없을시 간이시설
10	대기실		실	적정수	모델 대기실
11	바인더		개	1	1인당
12	시계	벽걸이용	개	1	실당
13	조명시설		실	1	밝은조명

지급재료목록

일련 번호	재료명	규격	단위	수량	비고
1	핫왁스	400~500ml	개	1	7인당 1개
2	화장솜	100개	통	1	20인당 1개

8 미용사(피부) 수험자 복장 감점 적용범위

구분	기준	내용	감점 적용	비고
위생복 (가운)	반팔 흰색	민소매형(민소매 + 반팔티 포함)	✓	가운의 목깃, 호리 부분 길이, 디자인 등은 감점사항 아님
		긴팔(걷는 것도 포함)	✓	
		반팔가운이지만 속티가 길게 나온 경우	✓	
		하얀색 바탕에 검정무늬(단추 등 포함)	✓	비표식개념
위생복 (하의)	흰색 긴 바지	검정, 회색, 아이보리, 베이지 등의 유색하의	✓	하의의 종류, 재질 및 디자인은 구분하지 않음
		긴바지가 아닌 하의	✓	
		색줄 혹은 색무늬 있는 하의	✓	
		기타 흰색 외 색상	✓	

구분	기준	내용	감점 적용	비고
마스크	흰색	청색(하늘색 포함)	✓	청색은 비표식개념(수험자재료목록 기재사항)
		미착용	✓	
		흰색 외 색상	✓	
신발	흰색 실내화	실내화가 아닌 신발(일반운동화, 구두, 실외에서 착용하는 신발)	✓	신발 앞 혹은 뒤가 터져 있는 경우 샌달 혹은 슬리퍼 형으로 간주
		샌달 형	✓	
		슬리퍼 형	✓	
		뒤가 터져 있는 간호사 신발	✓	
		선명하고 확실하게 구분되는 두꺼운 줄, 무늬가 있는 신발	✓	
		기타 흰색 외 색상	✓	
티셔츠	흰색	흰색을 제외한 유색 티셔츠 (가운 밖으로 노출되는 경우)	✓	비표식 개념
		목전체를 덮는 폴라티	✓	
양말	흰색	흰색 외 색상(표시가 나는 유색 스타킹도 포함) ※ 표시가 나지 않는 스타킹은 감점 제외 ※ 양말을 안신은 경우(맨발)는 감점	✓	복식은 흰색으로 통일하도록 되어 있으며, 유색은 비표식 개념

구분	기준	내용	감점 적용	비고
기타	검은색	검은색을 제외한 머리 띠, 머리망, 머리핀 등 머리고정용품 ※ 검은색 고정용품에 큐빅 등이 있는 경우 감점 제외 ※ 반지, 귀걸이 등은 악세사리로 하여 위생점수에서 반영하면 됨	✔	머리용은 검은색으로 통일하도록 되어 있으며, 흰색은 규정위반

- 양말 – 상표, 유색 테두리 허용
- 신발 – 상표, 유색 테두리 허용, 젤리화, 크록스화, 벨크로(찍찍이) 형태의 실내화 등 감점
- 반팔, 위생복(가운)의 팔부위에서 안쪽 옷(티셔츠)이 밖으로 나오면 감점

허용 양말 및 신발, 사진 예시

 ## 모델 사전 메이크업 예시 (Natural Make up)

 • 남성모델의 경우도 이와 비슷한 톤 정도로 메이크업을 한다

9 얼굴관리 시 작업범위

클렌징, 팩, 손을 이용한 관리의 범위는 같으며, 팩의 경우는 최소 쇄골 아래 3cm 이상이 되어야 한다.

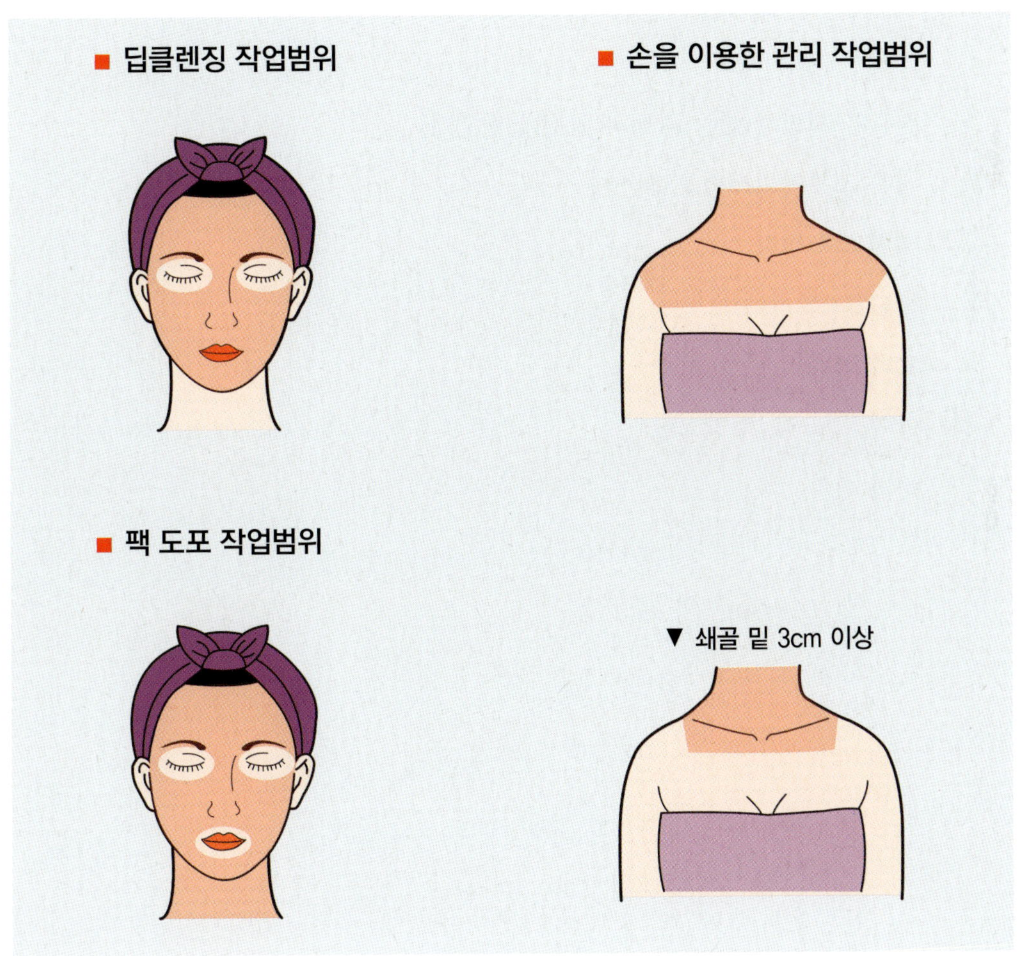

고무마스크 순서

1   손 소독을 한다.

2   아이크림과 립크림을 발라준다.

3   아이패드를 올려준다.

4   반죽을 하고 도포

5   시간을 보면서 굳는 과정과 안전을 살핀다.

6   굳은 고무마스크팩을 제거

7   해면으로 정리

8   냉습포

9   토너 정돈

10   아이, 립크림, 영양크림

11   주변 정리

석고마스크 순서

1 손 소독을 한다.

2 아이크림과 립크림을 발라준다.

3 베이스크림

4 아이패드를 올려준다.

5 젖은 거즈를 올린다.

6 반죽을 하고 도포

7 시간을 보면서 굳는 과정과 안전을 살핀다.

8 굳은 마스크를 제거하여 베드 위에 올려둔다.

9 해면으로 정리

10 냉습포

11 토너 정돈

12 아이, 립크림, 영양크림

13 주변 정리

93

석고마스크, 고무마스크 시술 시 주의사항

1 시간이 짧으므로 전처리를 적용 시에는 신속해야 한다.

2 고무마스크의 적당한 도포량(두께), 석고마스크의 적당한 도포량(두께)이 다르므로 주의한다. (고무마스크에 비해 석고마스크가 두껍게 발라져야 한다.)

3 마스크 도포 시에는 범위를 꼭 확인할 것. 목의 경계부위(턱하단 포함)까지 도포한다.

4 전체적으로 완성상태가 중요하며, 티슈 등으로 잘못된 부분이나 헤어라인 턱 라인에 둘러서 감추지 않는다.

5 마무리 크림을 적용 시 썬크림, 비비크림 등은 바르지 않는다.

CHAPTER 02 실기시험의 실제

1 시험 전 준비사항

1. 관리사 준비

1 머리: 긴 머리의 경우 검정색 머리망을 이용하여 단정하게 묶는다.

2 앞머리와 잔머리는 검정색 실핀으로 깔끔하게 고정한다.

3 메이크업 : 과하거나 거부감이 들지 않도록 내추럴하게 한다.

4 손 : 청결하게 씻고 손톱은 짧게 정리하며 손톱 에나멜은 하지 않는다.

5 마스크 : 흰색의 마스크를 코 중간까지 쓰도록 한다.

6 하의 : 흰색의 청결한 긴바지를 입는다. 쫄바지나 레깅스는 안 된다.

7 상의 : 상의는 반팔가운만 허용한다. (소매를 접은 긴팔가운 착용 불가하며 반팔 가운 밖으로 팔 부위에 의상이 노출되어선 안 된다.)

8 관리사 가운 : 깔끔하게 정돈된 흰색의 반팔가운이며, 상표나 소속을 나타내지 않아야 한다.

9 양말 : 흰색의 양말로 청결해야 하며 마크나 유색의 상표 표기가 있으면 안된다.

10 신발 : 깨끗하고 앞이 막혀 있는 흰색의 실내화이며 상표표기나 마크가 있으면 안된다.

11 악세사리 : 일체의 악세사리를 하지 않는다.

12 시험 당일은 수험표와 주민등록증을 지참한다.

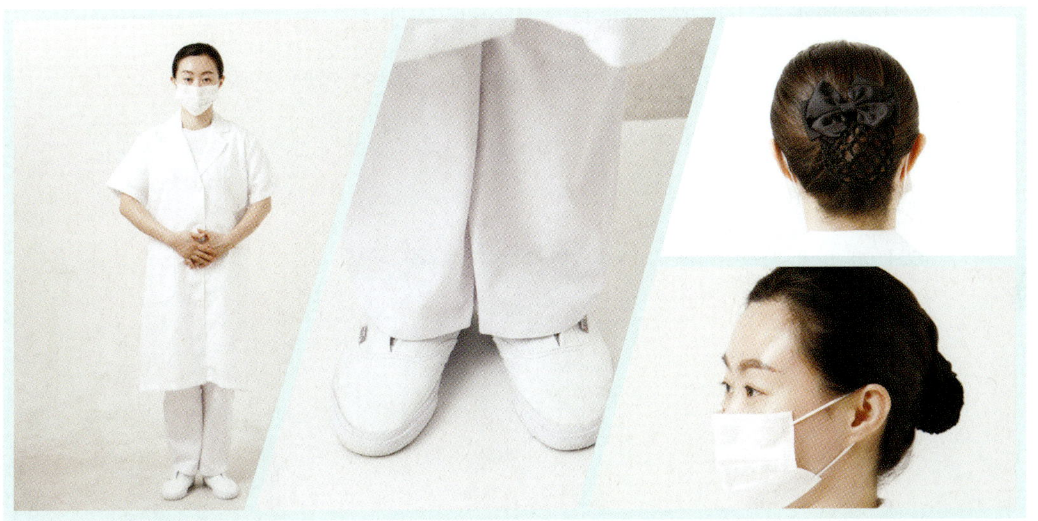

2. 모델 준비

1. 모델이 갖추어야 할 조건

1 여성 수험자의 경우 여성 모델을, 남성 수험자의 경우 남성 모델을 동반 하도록 한다.

2 시술에 적합한 메이크업 : 파운데이션, 마스카라, 아이라인, 아이새도우, 적색 계열의 입술 화장을 하고 있어야 한다. (남성 모델일 경우도 동일)

3 아이라이너, 마스카라는 워터프루프를 사용하지 않는다.

4 시험 당일 적합하지 않은 메이크업을 하였을 경우 입실하지 못한다.

5 시험 전 관리용 속가운과 겉가운을 입고 실내화를 신고 대기한다.

6 주민등록증을 지참 한다.

2. 모델로써 부적합한 경우

1   민감성 피부나 심한 농포성 여드름 피부

2   눈썹이 거의 없거나 2/3 정도가 되지 않는 사람 **감점 요인**

3   체모가 없거나 아주 적어서 제모 시술에 적합하지 않은 사람 **감점 요인**

4   성형 수술 한지 6개월 이내인 사람

5   임신 중인 사람

6   피부 관리에 적합하지 않은 질환을 가진 사람

7   암 환자

3. 베드셋팅 순비

1 대타월 한 장을 베드 위에 좌우대칭이 어긋나지 않게 덮는다.

2 헤어 밴드를 펴 놓는다.

3 중타올 한장을 (2)의 아래부분부터 시작하여 깔아준다.

4 다른 대타월 한 장(덮는 용도)을 베드 위에 (1)위에 깔고 약 1/3 정도를 접어 둔다. (베드 위에 모델이 편안하게 눕도록 하기 위함이다.)

5 모델이 누우면 관리 부위 전까지 대타월로 덮어 준다.

6 타월 한 장을 (4)의 가슴선과 맞닿는 중앙 부위에 접어 셋팅한다.

7 모델의 실내화는 베드 좌측 하단에 정리한다.

8 시술시 사용하지 않는 모든 물품은 베드 밑에 가지런히 정리하여 둔다.

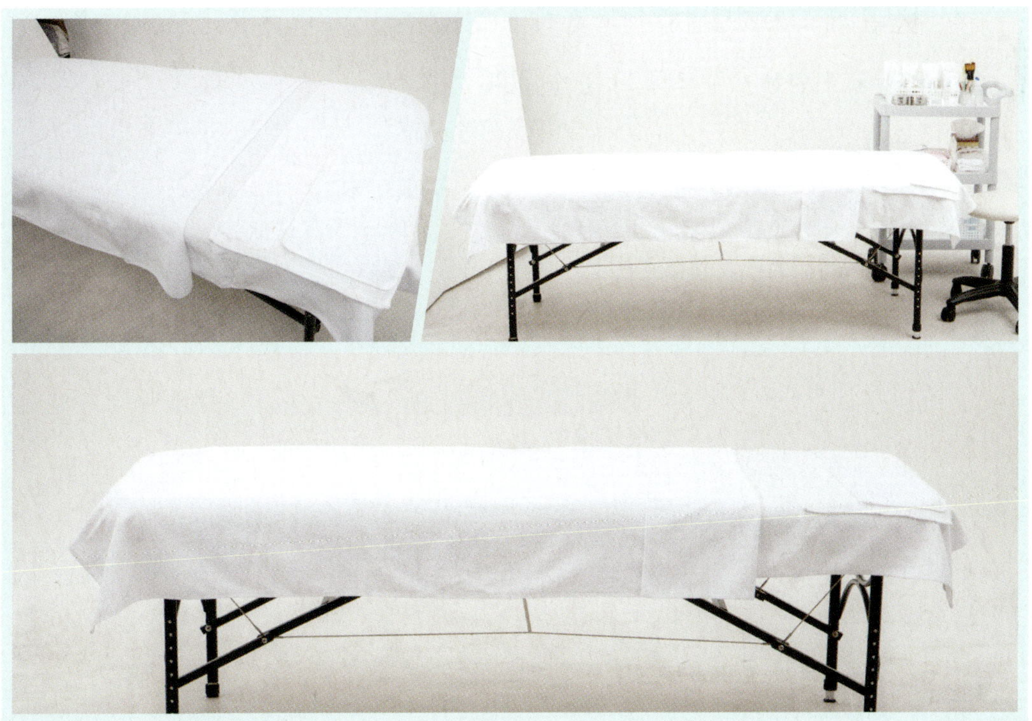

4. 온습포 준비

최대 6개까지 담을 수 있다.

1 타월을 세로로 반 접는다.

2 길이의 1/2로 접는다.

3 3등분으로 다시 접는다.

4 지퍼 팩 겉면에 유성 펜으로 수험 번호를
적은 후, 온장고에 넣는다.

5. 시험 시 유의 사항

1 지정된 베드와 지정된 온장고를 사용해야 한다.

2 시험 중 시험장 바깥으로 나갈 수 없다.

2 제1과제

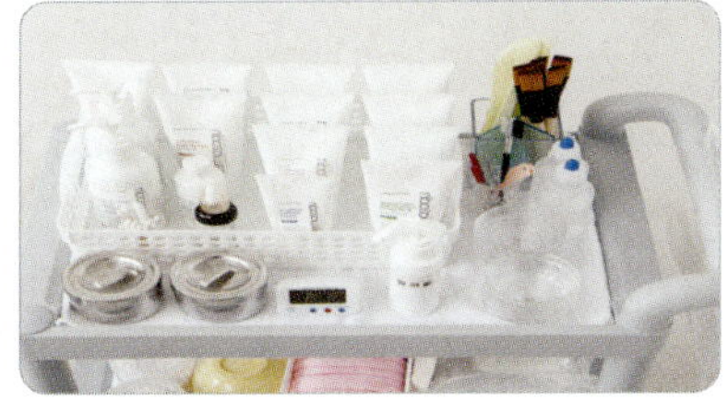

1. 웨건준비

1. 상단 셋팅

화장품

포인트 메이크업 리무버, 클렌징(로션, 크림, 오일 등), 토너, 매뉴얼 테크닉용 크림 혹은 오일, 아하(AHA: 10% 이하 액상 타입), 효소(파우더 타입), 고마쥐, 스크럽, 아이크림, 영양크림, 진정젤 또는 진정크림, 정상 피부용 팩, 건성 피부용 팩, 지성 피부용 팩, 소독용 알콜, 정제수

● 덜어 온 화장품이나 샘플류는 불가하다.

도구

보관통2, 브러쉬(딥 클렌징, 팩 용), 스파튤라(제품 덜어 쓰는 용도), 족집게, 눈썹 정리용 브러쉬, 눈썹 정리용 가위, 눈썹 정리용 칼, 유리볼(클렌징, 딥클렌징, 매뉴얼 테크닉, 팩)

소모품

젖은 화장솜(뚜껑이 있는 용기에 넣어 둠), 면봉, 티슈, 알콜 솜(뚜껑이 있는 용기에 넣어 둠)

■ 화장솜 준비

- 화장솜을 정제수에 적셔 손바닥 사이에 놓고 구겨지지 않도록 눌러 짠다.
- 사용하기 좋게 한 장씩 엇갈려 겹쳐서 뚜껑이 있는 용기에 넣어 둔다.

- 타이머 준비 시 소리 나지 않는 것을 사용한다.

2. 중단 셋팅

1 해면(물기가 적당히 있도록 하여 준비한다.)
2 냉습포(미리 준비하여 둔다.)
3 작은 쟁반(온장고에서 온습포를 가져올 때 사용한다.)
4 집게(선택 사항)

3. 하단 셋팅

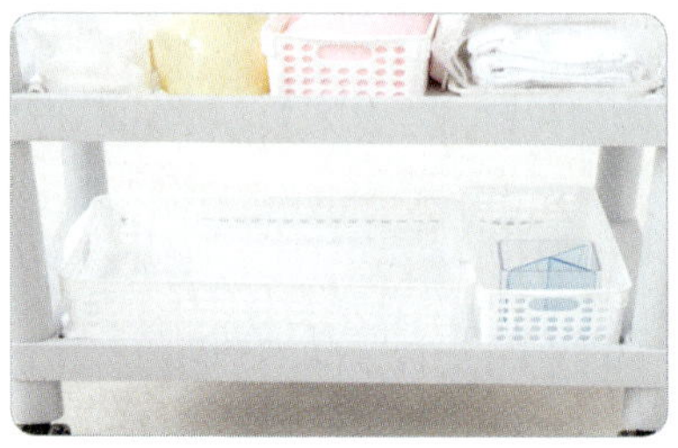

1 바구니 2개(사용한 타월과 해면 보관용)
2 휴지통

2. 관리계획표 작성 요령 – 10분

- 제시된 피부타입별 제품을 적용하여 관리계획표를 작성한다.
- 수정 시에는 두 줄로 긋고 작성한다.
- 관리 계획표에 작성한 팩 제품을 기억하여 팩 도포시 적용하도록 한다.

1. 피부타입별 관리목적 및 기대효과

1 관리 목적 – 문제에 제시된 피부 타입에 맞추어 관리 목적을 작성한다.

2 기대 효과 – ①의 관리 목적에 따른 기대 효과를 작성한다.

2. 딥 클렌징

문제에 지정된 딥 클렌징 타입을 표기한다.

3. 팩

문제에 제시된 내용을 파악하여 피부 부위별 제품을 표기한다.

4. 고객관리계획

1 향후관리는 주단위로 계획을 작성한다. (4주 이상 작성한다.)

2 문제에 제시된 피부타입에 알맞은 피부 관리 계획을 기간과 횟수를 포함하여 구체적으로 작성한다.

5. 자가 관리 조언 (홈 케어)

피부타입에 알맞은 성분을 참고로 하여 구체적인 홈 케어 제품을 조언한다.

6. 피부 타입별 특징 및 관리 계획표 작성 예시

1 정상 피부 특징

- **정의** : 피지선과 한선의 기능이 정상적이며 피부 탄력이나 보습, 혈색이 가장 이상적인 피부이다.

- **특징**
  - 유수분 밸런스가 균형을 이루고 있다.
  - 피부가 촉촉하고 윤기가 있다.
  - 피부톤이 투명하여 맑고 혈색이 좋다.
  - 잡티가 없으며 탄력성이 좋다.
  - 메이크업의 지속성이 좋다.
  - 각질의 수분도가 10~15%이다.
  - 피부결이 좋으며 모공이 미세하다.
  - 주름이 없으며 피부 표면이 부드럽다.
  - 피부색 및 피부 기능이 정상이다.
  - 각질층의 두께는 얇거나 두껍지 않아 적당하다.

■ 정산 피부의 예시

관리계획 차트 (Care Plan Chart)			
비번호	형별	시험일자 20 . . . (부)	
관리목적 및 기대효과	관리목적 : 정상피부이므로 꾸준하게 수분 공급을 하고 자외선이나 기타 유해한 환경으로부터 피부가 자극을 받지 않도록 보호하여 준다.		
	기대효과 : 피부의 보습과 탄력, 기타 건강한 조건을 유지하여 건성이나 지성 피부로 발전하지 않고 이상적 피부상태를 유지한다.		
클렌징	□오일　　　□크림　　　□밀크/로션　　　□젤		
딥클렌징	□고마쥐(gommage)　　□효소(enzyme)　　□AHA　　□스크럽		
매뉴얼 테크닉 제품타입	□오일　　　　□크림		
손을 이용한 관리형태	□일반　　　□림프		
팩	T존 : 　□건성타입팩　　☑정상타입팩　　□지성타입팩		
	U존 : 　□건성타입팩　　☑정상타입팩　　□지성타입팩		
	목부위 : □건성타입팩　　☑정상타입팩　　□지성타입팩		
마스크	□석고 마스크　　　□고무모델링마스크		
고객 관리 계획	1주 : 각질제거와 신진대사촉진 관리 클렌징 로션-딥클렌징(스크럽)-매뉴얼테크닉-콜라겐성분 팩-아이, 립, 영양크림		
	2주 : 수분과 유분의 균형관리 클렌징 로션-딥클렌징(고마쥐)-매뉴얼테크닉-세라마이드성분 팩-아이, 립, 영양크림		
	3주 : 탄력과 노화방지 관리 클렌징 로션-딥클렌징(AHA)-매뉴얼테크닉-비타민성분 팩-아이, 립, 영양크림		
	4주 : 피부스트레스 완화 및 진정 클렌징 로션-딥클렌징(효소)-매뉴얼테크닉-아줄렌성분 팩-아이, 립, 보습영양크림		
자가 관리 조언 (홈케어)	낮관리 : 물세안-유연화장수-아이크림-유수분에센스-데이크림-자외선 차단제 밤관리 : 클렌징로션-폼클렌징-유연화장수-아이크림-유수분에센스-나이트크림-넥크림		
	기타 : 잦은 세안을 피하고 충분한 수분섭취와 적당한 운동		

2 지성 피부 특징

- **정의** : 과도한 스트레스나 호르몬의 불균형 등 다양한 내 외적인 원인으로 인해 피지선의 이상 과다 활동으로 피지가 과잉 분비되는 타입이다.

- **특징**

  - 피지의 과다 분비로 각질층의 피부가 두껍고 피부 결이 거칠다.
  - 면포나 블랙헤드가 육안으로 관찰된다.
  - 모공이 쉽게 눈에 띄고 쉽게 지저분해 진다.
  - 굵은 주름이 관찰 된다.
  - 피지의 과잉 분비로 번들거리며 화장이 잘 지워진다.
  - 피부가 칙칙하고 여드름과 같은 트러블이 잘 발생한다.
  - 각질층이 두껍고 혈액 순환이 잘 되지 않는다.

■ **지성 피부의 예시**

관리계획 차트 (Care Plan Chart)

비번호	형별	시험일자 20 . . . (부)

관리목적 및 기대효과	관리목적 : 과각질이 있고 피지의 분비가 왕성한 지성 피부이므로 각질제거와 피지 조절에 중점을 두며 트러블 발생이 쉽게 이루어지기 때문에 항염할 수 있도록 한다.
	기대효과 : 피부의 안색을 맑게 한다. 뽀루지나 피부 트러블을 사전에 예방한다. pH밸런스를 정상화하여 과도한 피지분비 억제 및 여드름 유발을 예방하여 맑고 깨끗한 피부를 기대한다.

클렌징	□오일　　　□크림　　　□밀크/로션　　　□젤
딥클렌징	□고마쥐(gommage)　　□효소(enzyme)　　□AHA　　□스크럽
매뉴얼 테크닉 제품타입	□오일　　　□크림
손을 이용한 관리형태	□일반　　　□림프

팩	T존 :	□건성타입팩	□정상타입팩	☒지성타입팩
	U존 :	□건성타입팩	□정상타입팩	☒지성타입팩
	목부위 :	□건성타입팩	□정상타입팩	☒지성타입팩

마스크	□석고 마스크　　　□고무모델링마스크

고객 관리 계획	1주 : 각질제거와 피지조절 관리 클렌징 로션-딥클렌징(스크럽)-매뉴얼테크닉-머드 팩-아이, 립, 수분크림
	2주 : 수분의 공급관리 클렌징 로션-딥클렌징(고마쥐)-매뉴얼테크닉-콜라겐성분 팩-아이, 립, 수분크림
	3주 : 수렴 및 항염관리 클렌징 로션-딥클렌징(AHA)-매뉴얼테크닉-비타민성분 팩-아이, 립, 수분크림
	4주 : 피부스트레스 완화 클렌징 로션-딥클렌징(효소)-매뉴얼테크닉-오이추출성분팩-아이, 립, 수분크림

자가 관리 조언 (홈케어)	낮관리 : 폼클렌징-수렴화장수-아이크림-수분에센스-데이크림-자외선 차단제
	밤관리 : 클렌징로션-폼클렌징-수렴화장수-아이크림-수분에센스-나이트크림-넥크림
	기타 : 기름지고, 자극인 음식을 피하고 과도한 세안을 하지 않는다. 하루 2ℓ 의 수분을 섭취한다.

3 건성 피부 특징

■ **정의** : 건조한 환경이나 노화 등으로 나타날 수 있으며 표피 수분 부족 혹은 진피 수분 부족으로 나눌 수 있다.

■ **특징**

- 각질층의 수분 함유량이 10% 이하이며 유수분 밸런스가 깨져 있다.

- 피부 결이 얇고 섬세하다.

- 모공은 거의 보이지 않는다.

- 건조로 인한 각질이 육안으로 하얗게 관찰되며 가려움증을 동반하기도 한다.

- 메이크업이 들뜨고 잘 지워지지 않는다.

- 세안 후 심하게 당긴다.

- 잔주름이 눈에 띄며 피부 노화가 빨리 온다.

- 트러블의 발생이 적다.

- 전반적으로 피부 늘어짐 현상을 보인다.

■ 건성 피부의 예시

<table>
<tr><td colspan="4" align="center">관리계획 차트 (Care Plan Chart)</td></tr>
<tr><td>비번호</td><td>형별</td><td colspan="2">시험일자 20   .   .   .   (부)</td></tr>
<tr><td rowspan="2">관리목적 및
기대효과</td><td colspan="3">관리목적 : 수분과 유분이 부족한 건성피부이므로 충분한 수분과 유분을 공급하는 보습 영양관리가 목적이다.</td></tr>
<tr><td colspan="3">기대효과 : 유수분을 충분히 공급하여 매끄럽고 윤택한 피부상태를 기대한다. 잔주름과 피부노화를 예방하고 피부 탄력이 증가됨을 기대한다.</td></tr>
<tr><td>클렌징</td><td colspan="3">□오일   □크림   □밀크/로션   □젤</td></tr>
<tr><td>딥클렌징</td><td colspan="3">□고마쥐(gommage)   □효소(enzyme)   □AHA   □스크럽</td></tr>
<tr><td>매뉴얼 테크닉 제품타입</td><td colspan="3">□오일   □크림</td></tr>
<tr><td>손을 이용한 관리형태</td><td colspan="3">□일반   □림프</td></tr>
<tr><td rowspan="3">팩</td><td colspan="3">T존 :   ☑ 건성타입팩   □정상타입팩   □지성타입팩</td></tr>
<tr><td colspan="3">U존 :   ☑ 건성타입팩   □정상타입팩   □지성타입팩</td></tr>
<tr><td colspan="3">목부위 :   ☑ 건성타입팩   □정상타입팩   □지성타입팩</td></tr>
<tr><td>마스크</td><td colspan="3">□석고 마스크   □고무모델링마스크</td></tr>
<tr><td rowspan="4">고객 관리 계획</td><td colspan="3">1주 : 각질제거와 신진대사촉진 관리
클렌징 로션-딥클렌징(스크럽)-매뉴얼테크닉-콜라겐성분 팩-보습영양크림</td></tr>
<tr><td colspan="3">2주 : 수분과 영양공급 관리
클렌징 로션-딥클렌징(고마쥐)-매뉴얼테크닉-세라마이드성분 팩-보습영양크림</td></tr>
<tr><td colspan="3">3주 : 주름과 노화방지 관리
클렌징 로션-딥클렌징(AHA)-매뉴얼테크닉-히알루론산성분 팩-보습영양크림</td></tr>
<tr><td colspan="3">4주 : 피부스트레스 완화 및 진정
클렌징 로션-딥클렌징(효소)-매뉴얼테크닉-알로에 팩-보습영양크림</td></tr>
<tr><td rowspan="2">자가 관리 조언
(홈케어)</td><td colspan="3">낮관리 : 물세안-유연화장수-아이크림-유수분에센스-데이크림-자외선 차단제
밤관리 : 클렌징로션-폼클렌징-유연화장수-아이크림-유수분에센스-나이트크림-넥크림</td></tr>
<tr><td colspan="3">기타 : 뜨거운 물과 비누 세안을 피하고 충분한 수분섭취</td></tr>
</table>

4 복합성 피부 특징

■ **정의** : 두 가지 이상의 피부 유형이 함께 나타나는 것을 말한다.

■ **특징**

- 대체적으로 T-zone 부위는 지성 피부의 특성을 보여 번들거리고 각질이 두터우며 모공이 넓고 U-zone 부위는 건성 피부의 특성을 보여 유·수분이 부족하다.
- 피부 조직의 기능이나 두께가 일정하지 않다.
- 얼굴 전체의 피부톤이 고르지 않다.

■ **복합성 피부의 예시 (T존 : 지성, U존 : 건성, 목 : 건성)**

<table>
<tr><td colspan="4" align="center">관리계획 차트 (Care Plan Chart)</td></tr>
<tr><td>비번호</td><td>형별</td><td colspan="2">시험일자 20　　.　　.　　.（　　부)</td></tr>
<tr><td rowspan="2">관리목적 및
기대효과</td><td colspan="3">관리목적 : T존은 지성이므로 과다피지의 정상화, U존은 건성이므로 부족한 수분과 영양을 공급해주는 피부 유·수분 균형에 목적이 있다.</td></tr>
<tr><td colspan="3">기대효과 : 유·수분의 균형으로 여드름, 예민 등의 다양한 피부트러블을 막고 건강하고 고른 피부결을 기대한다.</td></tr>
<tr><td>클렌징</td><td colspan="3">□오일　　□크림　　□밀크/로션　　□젤</td></tr>
<tr><td>딥클렌징</td><td colspan="3">□고마쥐(gommage)　□효소(enzyme)　□AHA　□스크럽</td></tr>
<tr><td>매뉴얼 테크닉 제품타입</td><td colspan="3">□오일　　□크림</td></tr>
<tr><td>손을 이용한 관리형태</td><td colspan="3">□일반　　□림프</td></tr>
<tr><td rowspan="3">팩</td><td colspan="3">T존 :　□건성타입팩　□정상타입팩　☒지성타입팩</td></tr>
<tr><td colspan="3">U존 :　☒건성타입팩　□정상타입팩　□지성타입팩</td></tr>
<tr><td colspan="3">목부위 :　□건성타입팩　☒정상타입팩　□지성타입팩</td></tr>
<tr><td>마스크</td><td colspan="3">□석고 마스크　　□고무모델링마스크</td></tr>
<tr><td rowspan="4">고객 관리 계획</td><td colspan="3">1주 : 각질제거와 피지조절 관리
클렌징 로션-딥클렌징(스크럽)-매뉴얼테크닉-T존:머드팩, U존:콜라rps
성분 팩-T존:수분크림, U존:영양크림</td></tr>
<tr><td colspan="3">2주 : 수분 영양공급관리
클렌징 로션-딥클렌징(고마쥐)-매뉴얼테크닉-알로에 팩-수분크림</td></tr>
<tr><td colspan="3">3주 : 탄력과 수렴관리
클렌징 로션-딥클렌징(AHA)-매뉴얼테크닉-T존:머드 팩, U존:히알루론산성분 팩-T존:수분크림, U존:영양크림</td></tr>
<tr><td colspan="3">4주 : 피부스트레스 완화와 진정
클렌징 로션-딥클렌징(효소)-매뉴얼테크닉-오이추출성분 팩-수분크림</td></tr>
<tr><td rowspan="3">자가 관리 조언
(홈케어)</td><td colspan="3">T존 : 유성성분이 적은 피지조절성분, U존: 고보습성분의 기초화장품 사용.
낮관리 : 폼클렌징-T존:수렴화장수, U존:유연화장수-아이크림-수분에센스-데이크림-자외선 차단제
밤관리 : 클렌징로션-폼클렌징-T존:수렴화장수, U존:유연화장수-아이크림-수분에센스-나이트크림-넥크림</td></tr>
<tr><td colspan="3">기타 : 자극인 음식, 뜨거운 물 세안을 피하고 충분한 수면과 수분섭취</td></tr>
</table>

<h2>3. 클렌징 – 작업시간 15분</h2>

1. 클렌징의 목적 및 효과

1 땀, 피지 등 각질층 표면의 노폐물을 제거한다.

2 메이크업 잔여물, 먼지 등을 제거하여 피부를 청결하게 한다.

3 피부 호흡을 정상화 시켜 혈액순환 및 신진대사를 활성화 한다.

4 피부의 유·수분 밸런스를 조절한다.

5 모공을 깨끗이 하여 트러블을 예방한다.

6 영양 성분의 침투를 용이하게 한다.

7 피부 pH를 약산성 상태로 유지시켜 준다.

2. 클렌징의 종류

- **포인트 메이크업 리무버 (Point Make-up Remover)** : 눈과 입술 부위의 메이크업을 지울 때 사용한다.

- **클렌징 로션** : 모든 피부에 가능하며 산뜻하다.

- **클렌징 크림** : 건성 피부와 두꺼운 메이크업을 지울 때 알맞다.

- **클렌징 오일** : 물과 친화력이 있어 O/W 타입처럼 산뜻하며 촉촉해서 모든 피부에 사용할 수 있다.

- **클렌징 젤** : 유분이 없는 산뜻한 타입으로 지성 피부에 알맞다.

3. 클렌징 시술하기

- 클렌징의 범위는 안면과 데콜테까지이다.
- 데콜테의 범위 : 프랑스어로 파티 드레스 라인까지이다.

1 터번 씌우기

1 머리카락을 가지런하게 정리한 후 한손으로 터번의 한쪽 면을 고정시킨다.

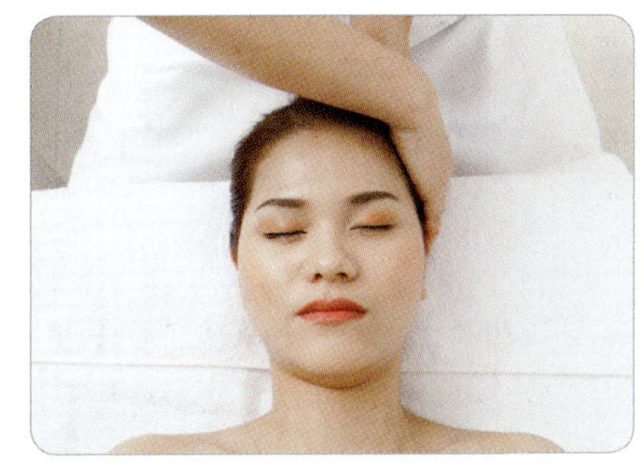

2 위의 반대편 터번을 그림과 같이 둘러 고정시킨다.

3 너무 느슨하거나 조이지 않는지 확인하고 수정한다.

2 손 소독

화장솜에 알코올을 묻혀 손등과 손바닥을 꼼꼼히 닦아 소독한다.

스프레이로 뿌려 꼼꼼히 손등과 손바닥을 소독한다.

3 **포인트 메이크업 클렌징 준비**

적당량의 화장솜과 면봉에 포인트 메이크업
리무버를 적셔서 유리볼에 담아둔다.

4 **포인트 메이크업 클렌징 시술**

1 눈과 입술에 포인트 메이크업 리무버를
적신 화장솜을 올려 놓는다.

2 한손으로 미간 사이를 고정하고 다른 손
으로 솜을 누르듯이 밀착하여 바깥쪽으
로 닦아낸다.

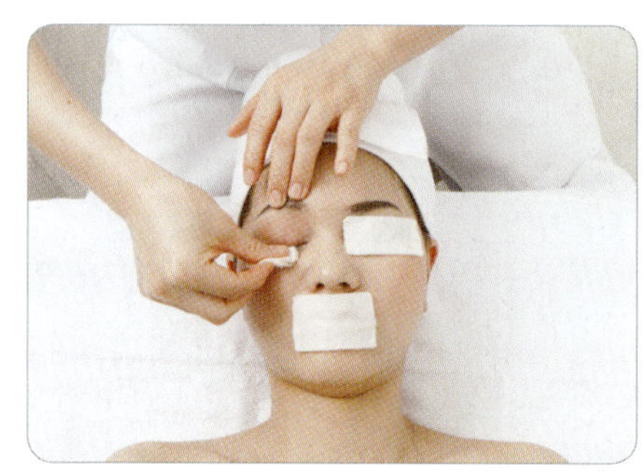

3 화장솜의 깨끗한 면을 이용하여 눈 밑을
닦아준다.

4 화장솜을 눈 밑에 깔고 면봉으로 마스카
라를 쓸어내듯 지워준다.

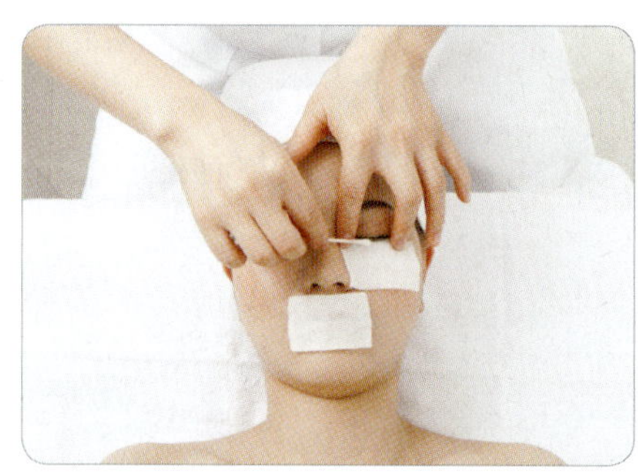

5 눈 밑의 화장솜을 반 접어 속눈썹이 가려
지도록 덮어 바깥쪽으로 빼준다.

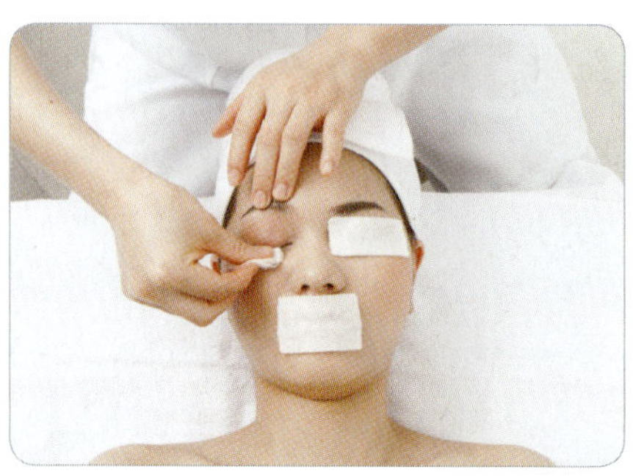

6 깨끗한 화장솜으로 눈 전체를 다시 힌번 닦아준다.

7 면봉을 이용하여 메이크업 잔여물이 남지 않도록 마무리한다.

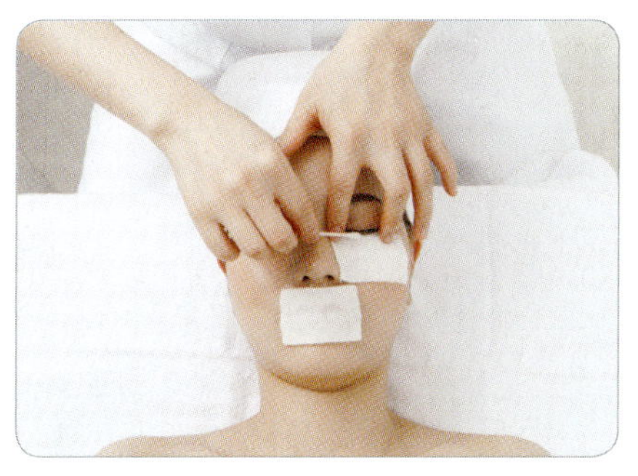

8 반대쪽도 같은 방법으로 지워준다.

9 한손으로 입술 끝부분에 텐션을 주어 고정한 후 입술 전체를 가로 방향으로 닦는다.

10 깨끗한 화장솜을 이용하여 아랫입술과
윗입술을 세로로 닦아준다.

11 면봉을 이용하여 입술 주변에 남을 수 있
는 메이크업 잔여물을 닦아준다.

 ## 안면 클렌징

- 클렌징 도포는 브러쉬로 하지 않는다.
- 유리볼에 적당량의 클렌징 제품을 덜어낸다.
- 클렌징 동작은 2~3분 정도 유지하도록 한다.

클렌징 도포

1 유리볼에 덜어 놓은 클렌징 제품을 데콜테와 양 볼, 이마에 배분한다.

2 데콜테부터 클렌징 제품을 도포한다.

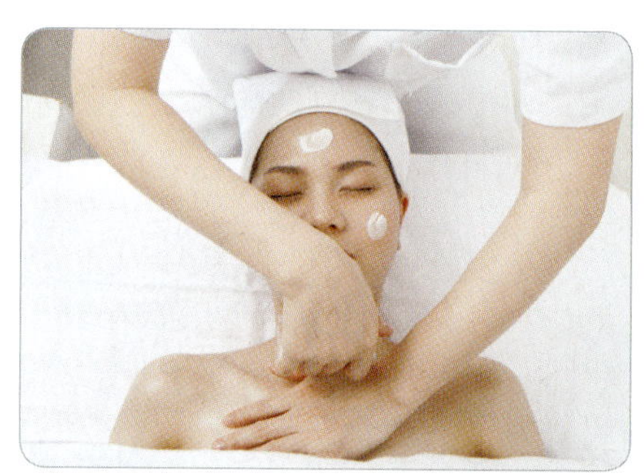

3 목을 위로 쓸어 올리며 도포한다.

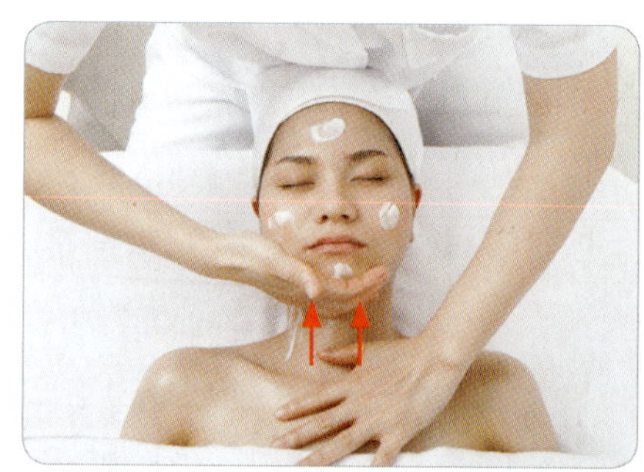

4 턱과 볼에 원을 그리며 도포한다.

5 코를 거쳐 이마까지 도포한다.

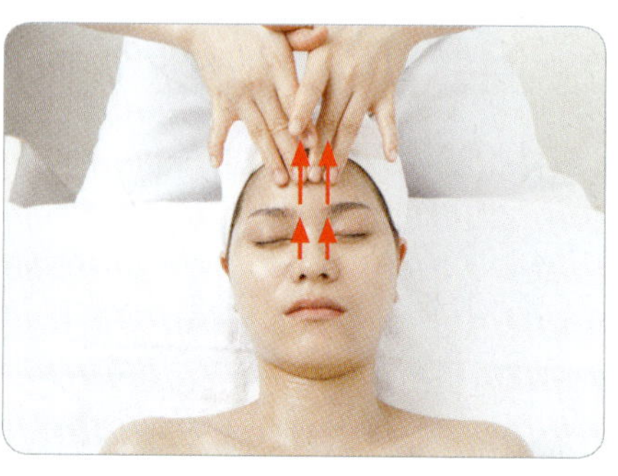

1 양손을 번갈아 데콜테를 좌우로 쓰다듬어 펴 바른다.

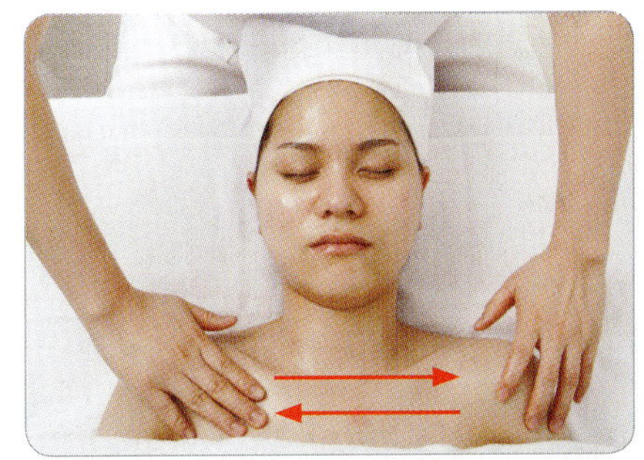

2 양손바닥을 이용 하여 원을 그리듯 데콜테를 밀착하여 펴 바른다.

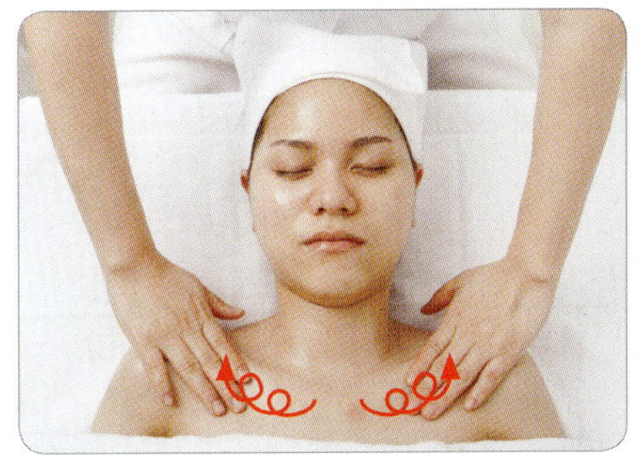

3 목을 쓰다듬어 펴 바른다.

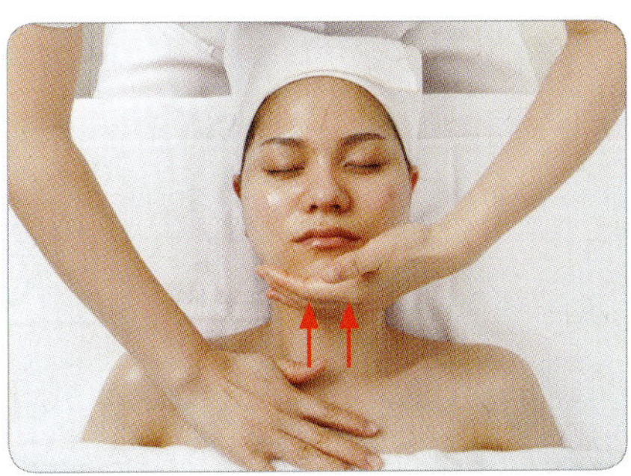

4 턱 부위를 클렌징 한다.

5 입술 부위의 클렌징 동작을 교대로 실시 한다.

6 입 꼬리에서 귀 앞까지 원을 그리며 밀착 하여 펴 바른다.

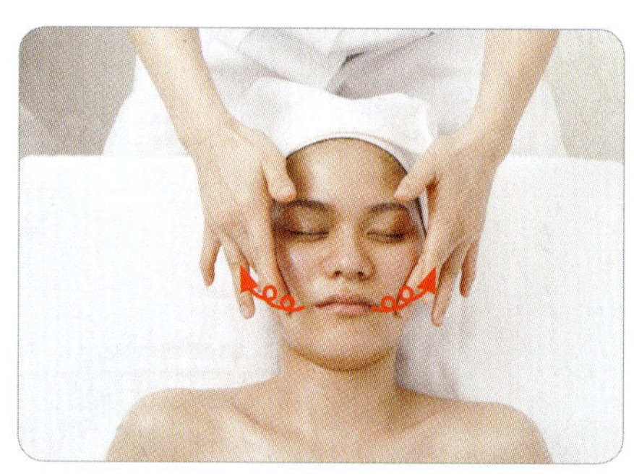

7 콧망울 → 코 벽 → 콧 등 부위를 클렌 징 한다.

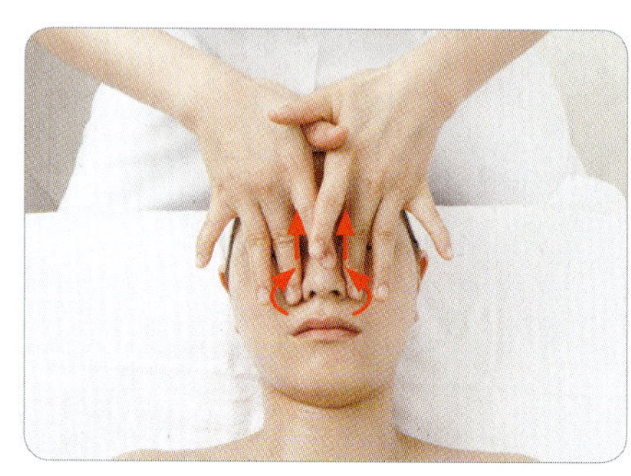

8 코 옆 → 귀 앞 부위 방향으로 클렌징 한
다.

9 관자놀이(8자)

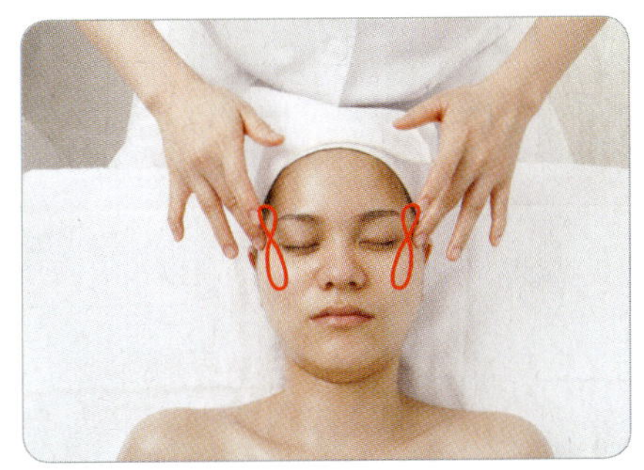

10 눈 부위를 둥글리면서 클렌징 한다.

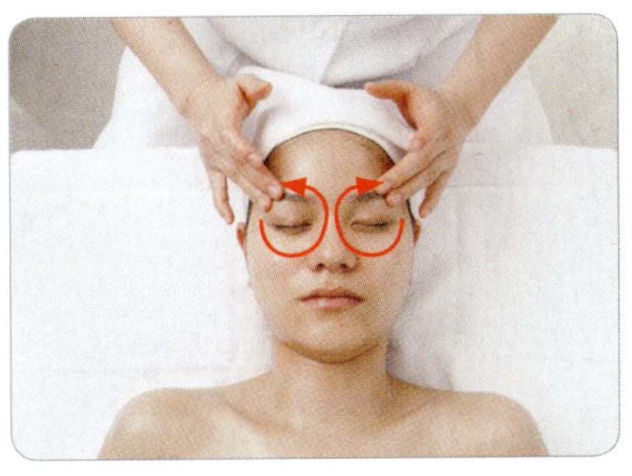

11 손 전체 또는 손가락을 이용하여 이마를
클렌징 한다.

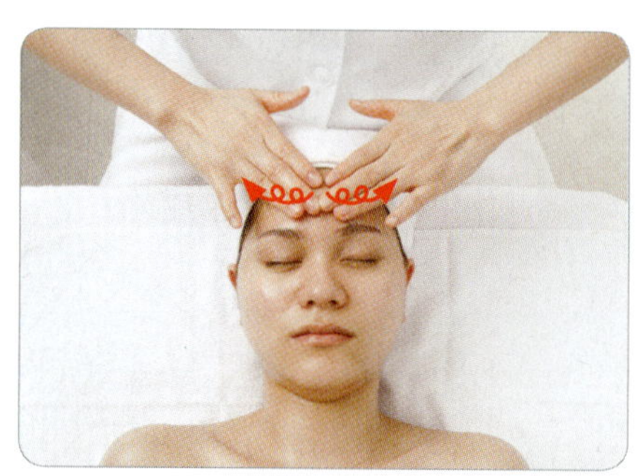

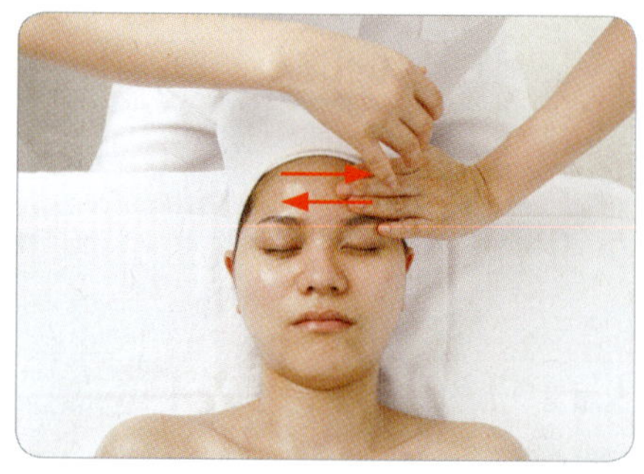

12 안면의 옆 라인을 쓰다듬어 내려오면서
마무리한다.

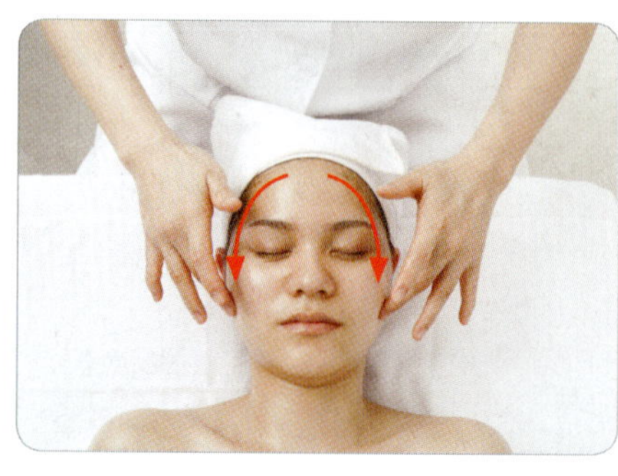

티슈 사용 방법

1 삼각형이 되도록 티슈를 접어 이마에서
코까지 덮고 살짝 눌러 유분기를 제거한
다.

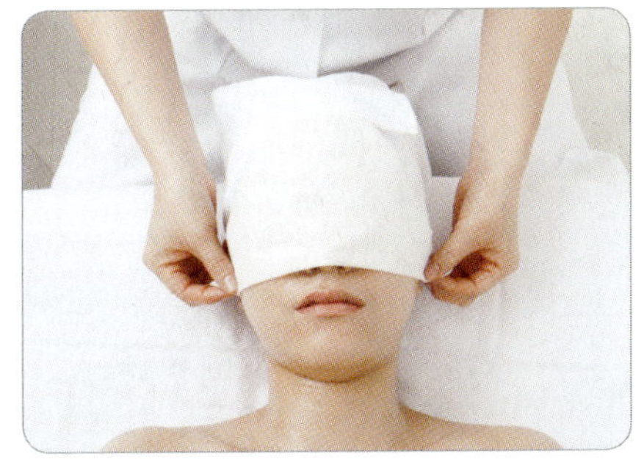

2 티슈를 뒤집어서 입과 턱까지 덮어 살짝
눌러 준다.

3 그대로 티슈를 가로로 반을 접으면서 아
래턱을 눌러준다.

4 뒤집어서 목을 살짝 눌러준다.

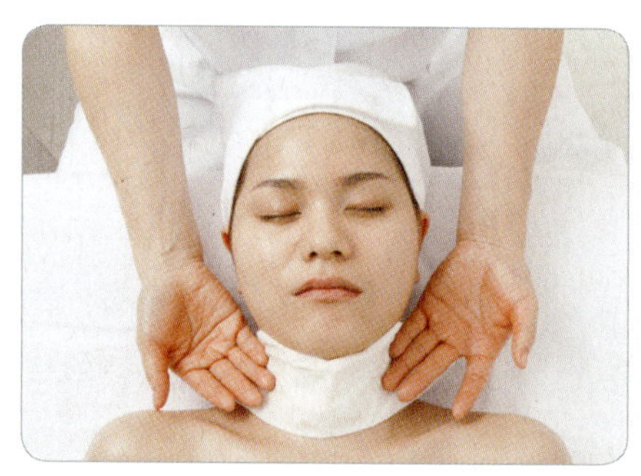

5 새 티슈를 마름모 꼴로 왼쪽 데콜테에 올려 놓고 살짝 눌러준다.

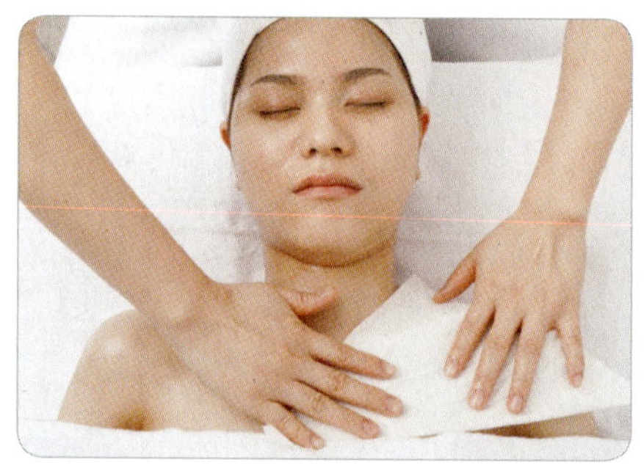

6 뒤집어서 왼쪽 데콜테도 눌러 유분기를 제거한다.

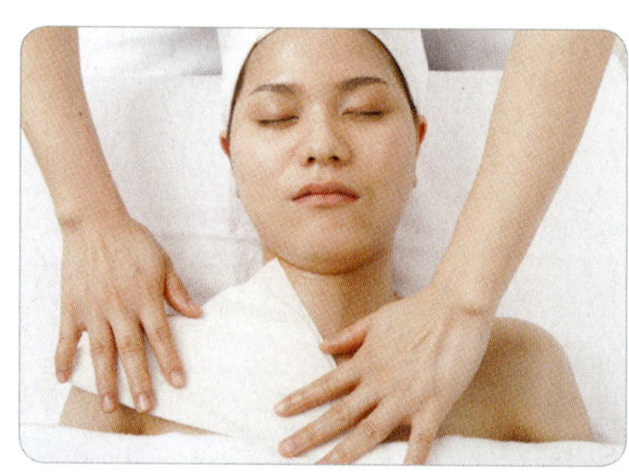

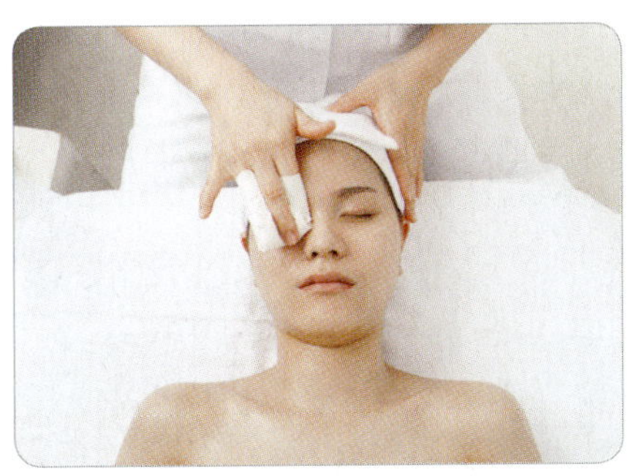

7 해면 사용하기

1 양손으로 해면을 이용하여 눈과 눈썹 부위를 닦는다.

2 이마 부위는 안에서 바깥 방향으로 닦는다.

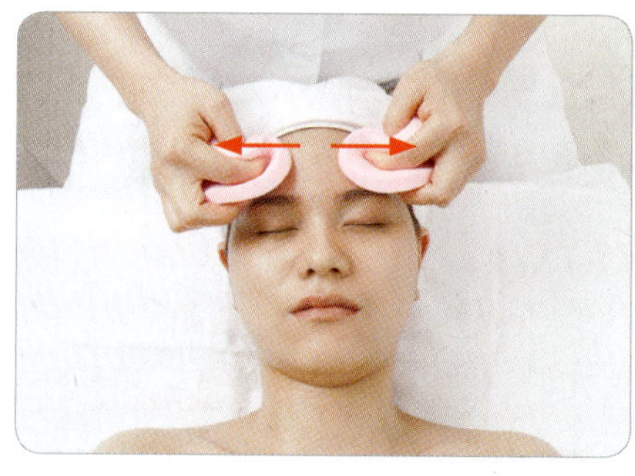

3 양손을 번갈아 가며 코 뿌리에서 콧방울
방향으로 콧등을 닦는다.

4 코벽을 닦는다.

5 코 옆 → 볼 → 관자놀이까지를 둥글리
듯 닦는다.

6 입 꼬리에서 귓 볼 부분까지 닦는다.

7 입 부위를 닦는다.

8 턱 부위를 닦는다.
- 아래턱은 제품이 남기 쉬우므로 꼼꼼히 닦는다.

9 목을 아래에서 위로 닦는다.

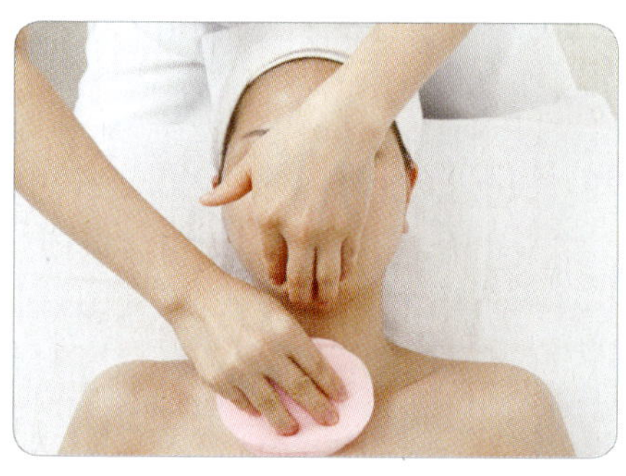

130

10 데콜테 부위를 닦는다.

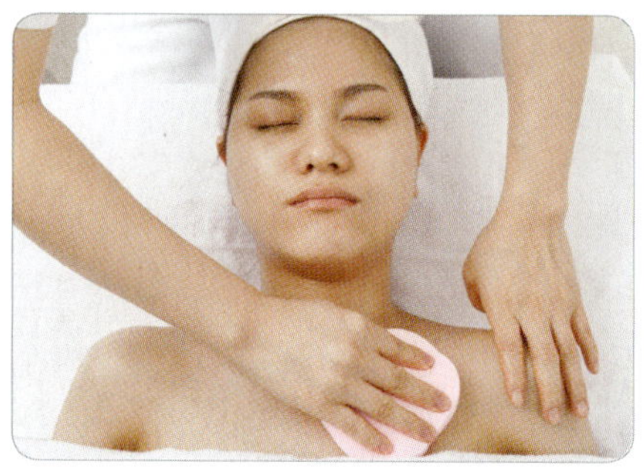

8 온습포 사용하기

1 온습포의 온도를 체크하고 세로로 펴서 코 밑에 올린다. 이때 접혀진 부분이 코에 닿지 않도록 하여 모델이 불편함이 없도록 한다.

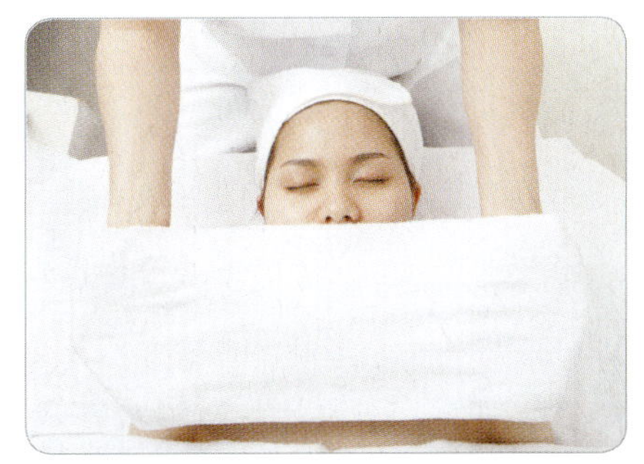

2 삼각형 모양을 만든다.

- 얼굴의 전체면이 온습포로 덮일 수 있도록 삼각형 모양의 크기에 유의한다.
- 콧구멍을 가려 호흡이 곤란하지 않도록 한다.

3 손바닥 전체로 살짝 감싸듯 눌러준다.

- 지압을 하거나 강하게 누르는 행위는 하지 않는다

131

4 온습포로 안면 전체를 닦는다.

- 눈 밑 → 눈두덩 → 눈썹 → 이마 → 콧등 → 코벽 → 콧망울 → 볼 부위 →
  인중 → 아래턱 부위 → 목 부위 → 데콜테 부위 순으로 닦는다.

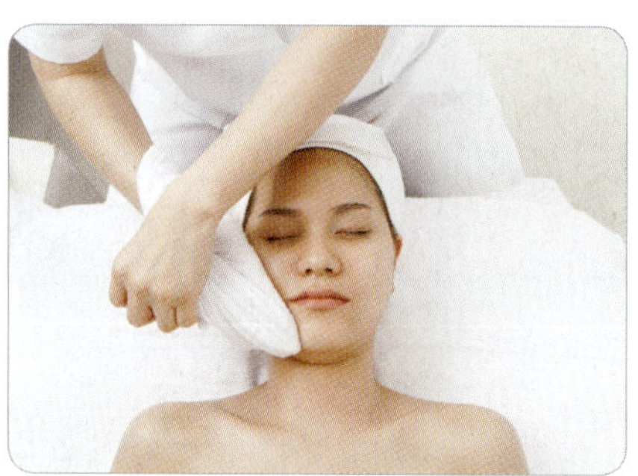
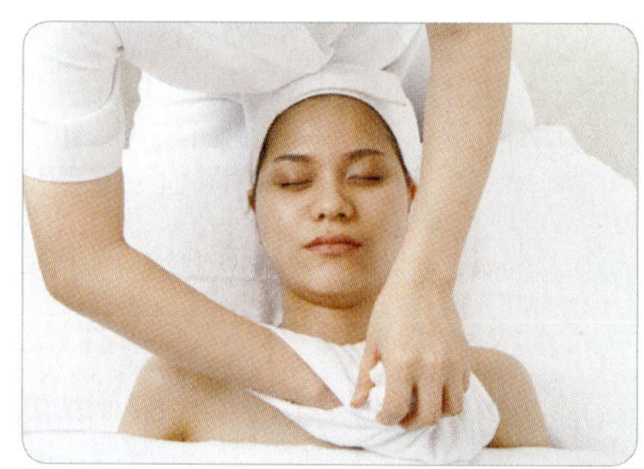

9

토너 정리

- 이마 → 눈 부위 → 볼 부위 → 턱 부위 → 반대편 부위 → 코 부위 → 입 부위 → 목 부위 → 데콜테 부위 순으로 정리 한다.

4. 눈썹 정리 (작업시간 5분)

1. 준비하기

1 손 소독

2 도구(브러쉬, 눈썹 가위, 족집게, 정리용 칼)를 소독한다.

3 작업에 용이하도록 도구를 셋팅한다.

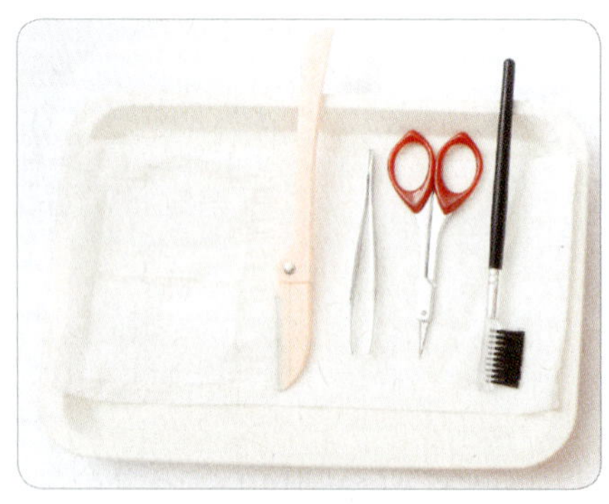

2. 눈썹 정리 시술

1 **작업시 주의 사항**

- 눈썹은 양쪽 모두 정리해야 한다.

- 시험 전 미리 눈썹을 정리해 가면 안된다.

- 눈썹 정리용 도구는 미리 깨끗한 거즈에 싸서 한꺼번에 말아두면 편리하다.

2 눈썹 정리 순서

1 알콜솜을 이용하여 양쪽의 눈썹을 닦아
내듯 소독한다.

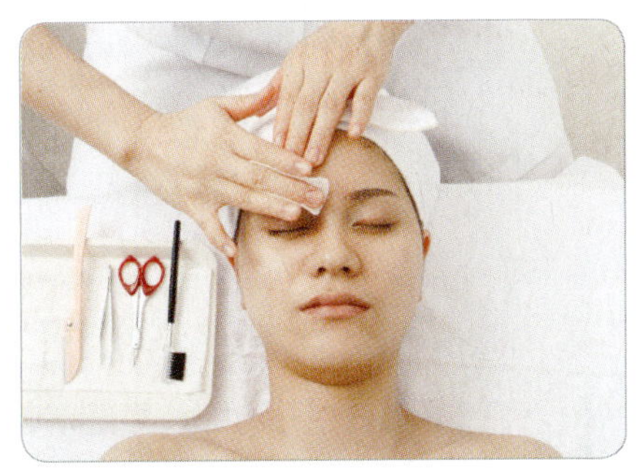

2 눈썹 정리용 브러쉬로 가지런히 눈썹이
난 방향으로 빗고 긴 눈썹은 잘라준다

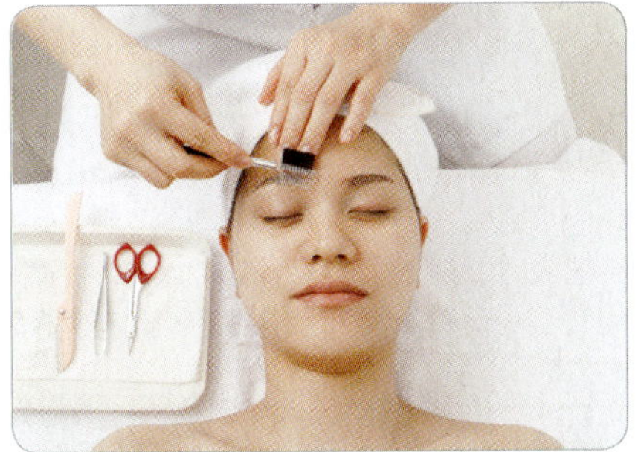

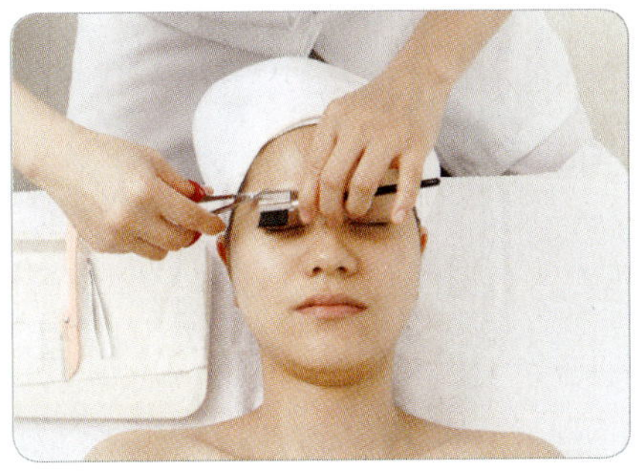

3 눈썹을 위로 잡아 올려 텐션을 준 뒤 족
집게를 이용하여 눈썹 난 방향으로 눈썹
을 뽑는다.
- 감독관 지시 하에 3개 이상 뽑고 확인
  후 버린다.

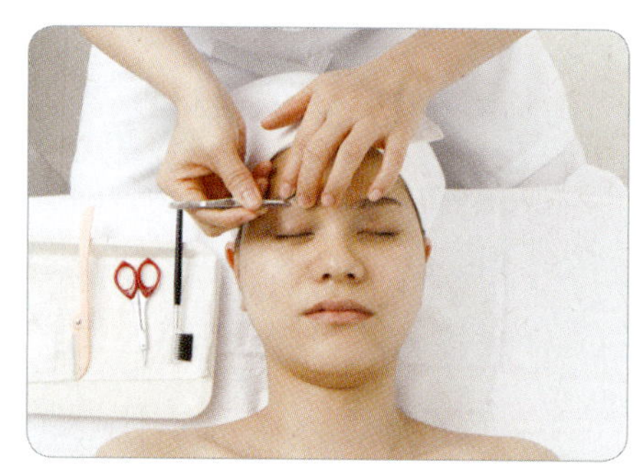

4 한손은 눈썹 위를 올리듯이 텐션을 주고
다른 한손은 정리용 칼을 이용하여 위에
서 아래로 지저분한 눈썹을 밀어낸다.

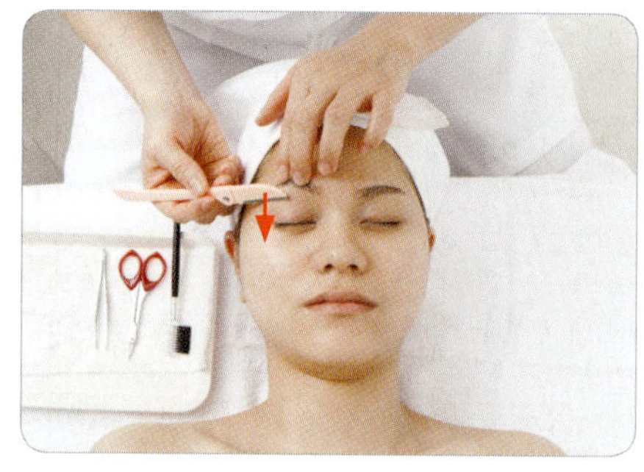

5 알콜솜으로 정리한 눈썹 부위를 소독하
고, 진정 젤 또는 진정 크림을 발라준다.

5. 딥 클렌징 (Deep Cleansing) −작업시간 10분

1. 딥 클렌징의 개념

일반적인 클렌징으로는 불필요한 각질과 모공 깊숙이 들어 있는 불순물을 완전히 제거할 수 없다. 따라서 전문적인 딥 클렌징 제품을 이용하여 피부 표면의 과각질과 모공속의 노폐물을 제거해 줌으로써 각화 과정을 정상화 하고 피부 세포의 재생을 유도하는 것을 딥 클렌징이라 한다.

2. 딥 클렌징의 효과

1   노후된 각질을 제거함으로써 피부의 안색을 정화하여 준다.

2   피부 노폐물 제거로 피지 분비를 정상화 시킨다.

3   영양 성분의 침투를 용이하게 한다.

4   피부 표면을 매끈하게 가꾸어 준다.

5   면포를 연화한다.

3. 딥 클렌징의 종류

1 스크럽 (Scrub)타입

- 물리적 방법으로 미세한 알갱이로 피부 표면을 문질러 각질을 제거 하는 방법이다.
- 알갱이의 재료는 아몬드나 살구씨, 곡물 가루, 폴리에틸렌 과립, 크리스탈 가루 등 여러가지가 쓰이고 있다.
- 제품을 피부에 도포 하여 잠깐 두었다가 부드럽게 러빙하면 각질이 제거된다.
- 예민한 피부는 가능한 자극이 되지 않도록 유의하며 섬세하고 조심스럽게 행한다.
- 크림 타입, 젤 타입, 파우더 타입 등 여러 가지가 있다.

2 A.H.A(Alpha Hydroxy Acid) 타입

- 아하는 과일 속에 함유 되어 '과일산' 이라고 하며, 카르복시산의 알킬기에 수소원자 대신 −OH기가 치환된 것이다.
- 글리콜릭산(사탕수수), 젖산(쉰 우유), 능금산(사과), 주석산(포도주), 구연산 등이 있다.
- 산을 이용하여 피부의 각질을 제거하는 화학적 방법의 딥 클렌징 이다.
- AHA는 제품의 pH와 농도에 따라 강도의 차이가 나기 때문에 정확한 지식을 가지고 사용해야 하며 특히 점막을 자극하지 않도록 유의한다.

 실기 시험에 사용되는 것은 농도 10% 이하의 액체 타입을 준비한다.

- AHA의 특성상 피부 도포 후 대부분 따끔거리는 자극을 동반하므로 냉습포를 이용하여 마무리한다.
- 피부 타입에 따라 시간을 조절한다.

3 고마쥐 (Gommage) 타입

- 물리적 방법으로 도포 후 반건조 되면 피부결 방향으로 밀어내어 각질을 제거하는 방법이다.
- 건조가 덜 되거나 너무 많이 건조되면 제거시 밀리지 않기 때문에 도포하는 양이나 건조 시간에 주의를 기울여야 한다.
- 젤 타입, 크림 타입, 반 유액 타입 등 여러 가지가 있다.

4 효소 (Enzyme) 타입

- 화학적 방법으로 단백질을 분해하여 각질을 제거하는 방법이다.
- 효소의 활성화를 돕기 위하여 알맞은 온도, 습도, 시간을 제공해야 한다.
- 특별한 자극 없이 각질이 제거되기 때문에 민감성 피부나 염증성 피부에도 사용이 가능하다.
- 대표적으로 사용되는 효소는 파파야에서 추출한 파파인이다.
- 여러 가지 타입이 있지만 시험장에서는 물에 섞어 사용하는 파우더 타입을 사용해야 한다.

4. 딥 클렌징 시술 방법

근육결과 피부결을 고려하여 15° 각도로 아래에서 위로 향하듯이 바른다.

1 스크럽을 이용한 딥 클렌징

1 귀를 감싸서 터번을 정리한다.

2 모델 얼굴의 양옆에 티슈를 셋팅한다.

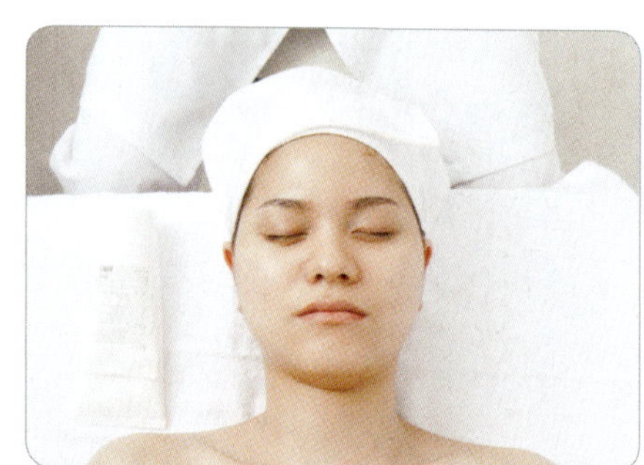

- 강하지 않게 부드럽게 문지르도록 하며 예민한 볼 부위는 특히 조심스럽게 한다.
- 손 전체로 러빙 할 경우 손바닥 지문에 스크럽 알갱이가 낄 수 있으므로 손가락을 이용하도록 한다.
- 모델의 헤어라인과 눈썹에 잔여 알갱이가 남을 수 있으므로 주의한다.

3 손 소독

4 유리볼에 적당량의 스크럽제를 덜어 낸다.

5 유리볼에 미지근한 정제수를 따라 놓는다.

6 눈에 아이패드를 얹는다. (작업의 편리상 하지 않아도 무관하다.)

7 브러쉬를 이용하여 바른다.

- 아래턱부터 귓 볼 → 입꼬리부터 귀 중앙 → 코옆부터 관자놀이 부근까지 →
  반대편 → 콧망울과 코 벽, 콧 등, 미간 사이까지 → 이마 → 코 밑
- 사용한 브러쉬는 사용 후 보관통에 담는다.

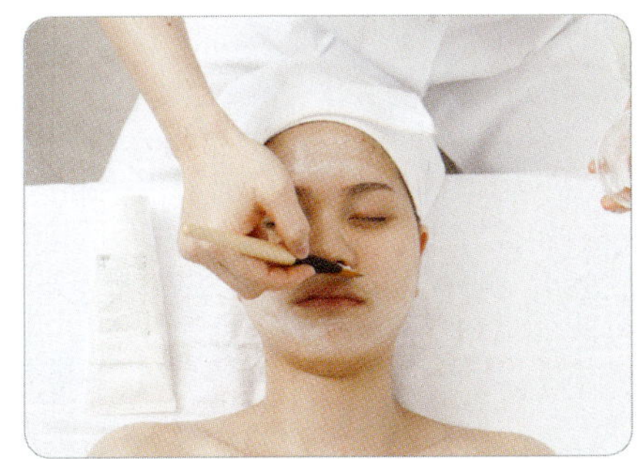

8 러빙하기 (손가락의 지문을 이용하여 가볍게 스프링을 그리듯 문지른다.)

- 손 소독 → 아랫 입술 밑부터 귀앞 → 입 꼬리부터 귀 윗부분 → 코 옆에서 관자놀이 부근까지 → 콧망울 → 코벽과 콧등 → 이마

 작업 시 스크럽제가 너무 많이 건조되면 피부에 자극이 될 수 있으므로 준비된 정제수를 손에 적셔 가면서 러빙한다.

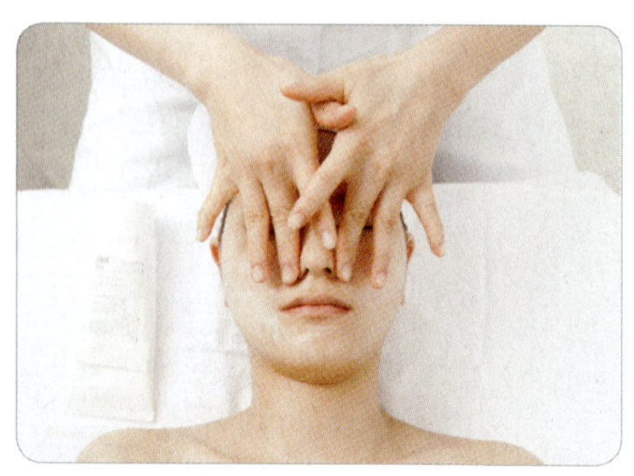
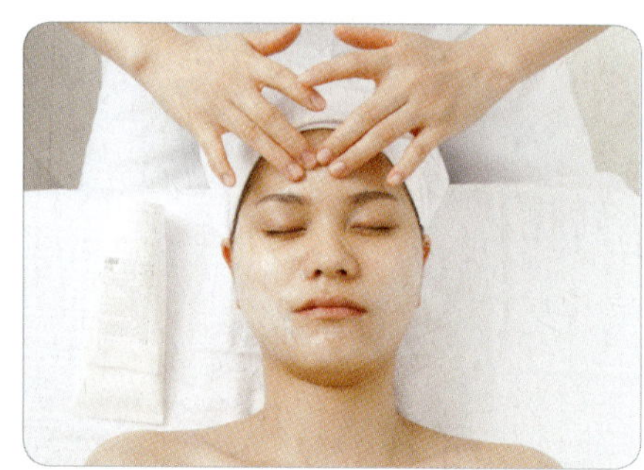

9 해면 처리 → 온습포 사용하여 잔여물을 제거한다.

10 화장솜에 토너를 적셔 피부를 정돈한다.

2 AHA를 이용한 딥클렌징

1 손 소독

2 유리볼에 적당량의 AHA를 덜어 놓는다.

3 스포이드의 끝 부분이 유리볼에 닿지 않도록 한다.

4 눈에 아이패드를 얹는다. (작업의 편리상 하지 않아도 무관하다.)

- AHA는 냉습포로 필히 마무리한다.
- 습관처럼 온장고로 향하는 일이 없도록 해야 한다.
- 반드시 아이패드로 눈을 덮은 다음 AHA를 도포한다. 도포중 눈에 제품이 들어가 점막 손상의 우려가 있기 때문이다.
- AHA를 도포한 부위에 다시 재도포 하지 않는다.

5 면봉을 이용하여 도포 부위가 겹쳐지지 않도록 세심하게 도포한다.

- T-zone(코, 이마) → 아래턱부터 귀 볼 전까지 → 입꼬리부터 귀 중앙 높이까지 → 코 옆부터 관자놀이 부근까지 → 반대쪽 부위를 도포한다 → 코 밑 → 대기(시간 적용)

143

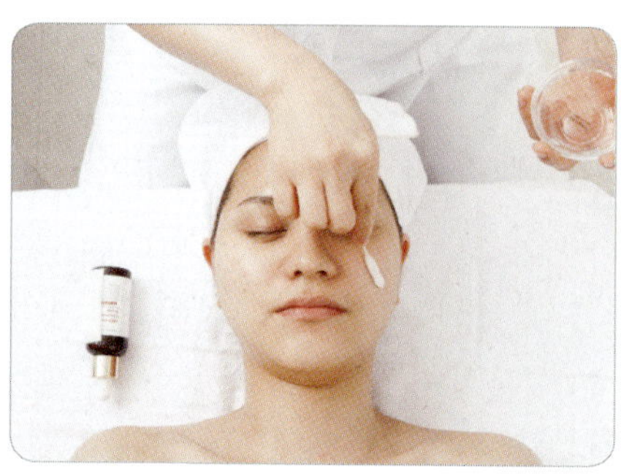

6 아이패드 제거 → 해면 처리 → 냉습포 처리 (AHA로 자극 받은 피부를 진정하기 위함이다.)

7 화장솜에 토너를 적셔 피부를 정돈한다.

3 고마쥐를 이용한 딥클렌징

- 고마쥐는 꾸들꾸들해 질 때까지 알맞게 건조시키는 것이 가장 중요하다.
- 고마쥐를 밀어낼 때는 꼭 다른 손으로 고정하거나 텐션을 주어야 한다.
- 귀를 감싸서 터번을 정리한다.
- 모델 얼굴의 양옆에 티슈를 셋팅한다. 밀어 낸 고마쥐가 귀에 들어가는 것을 방지하고 베드에 잔여물이 떨어지지 않도록 깔끔하게 처리하기 위함이다.

1 손 소독

2 유리볼에 적당량의 고마쥐를 덜어 놓는다.

3 유리볼에 적당량의 정제수를 별도로 준비한다.

145

4 브러쉬를 이용하여 바른다.

- 아래턱부터 귓 볼 → 입꼬리부터 귀 중앙 → 코 옆부터 관자놀이 부근까지 → 반대편 → 콧망울과 코 벽, 콧 등, 미간 사이까지 → 이마 → 코 밑

- 사용한 브러쉬는 사용 후 보관통에 담는다.

5 고마쥐가 반건조 될 때까지 대기한다.

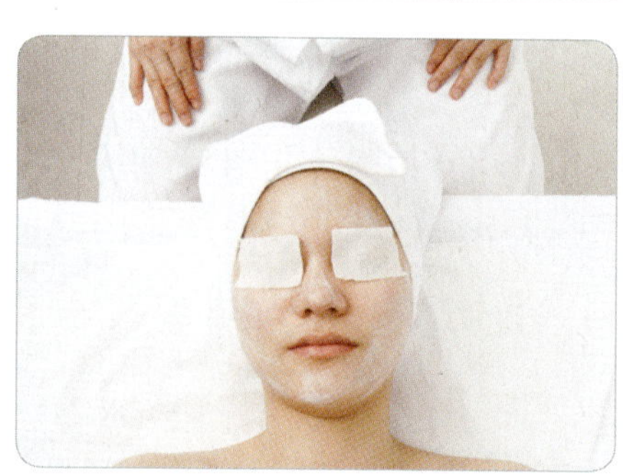

146

6　밀어내기

(시험 적용 부위 : 이마, 오른쪽 볼)

- 손 소독 → 손가락을 벌려 미간 사이와 헤어라인 부근을 고정하고 다른손으로 이마부위를 밀어낸다 → 한손은 코 옆 부분을 고정하고 다른손으로 코 옆에서 관자놀이 부위까지 밀어낸다 → 한손은 입가를 고정하고 다른손은 입가에서 귀 중앙 앞까지 밀어낸다 → 한손은 아래턱을 고정하고 다른손으로 턱에서 귀 밑까지 밀어낸다.

콧망울은 아래에서 위를 향하여 밀어내고, 콧뿌리 방향으로 콧등과 코벽을 밀어낸다.

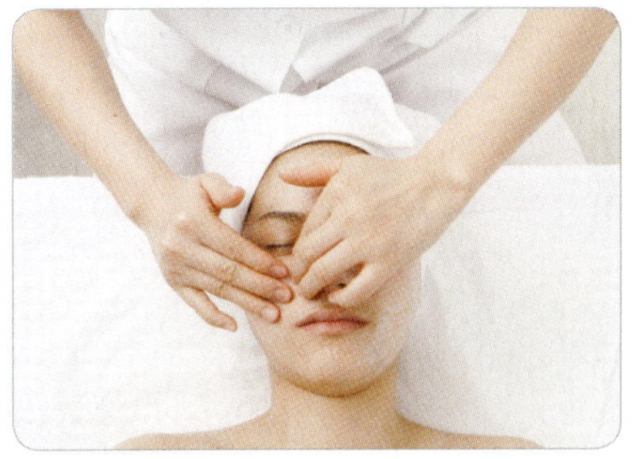

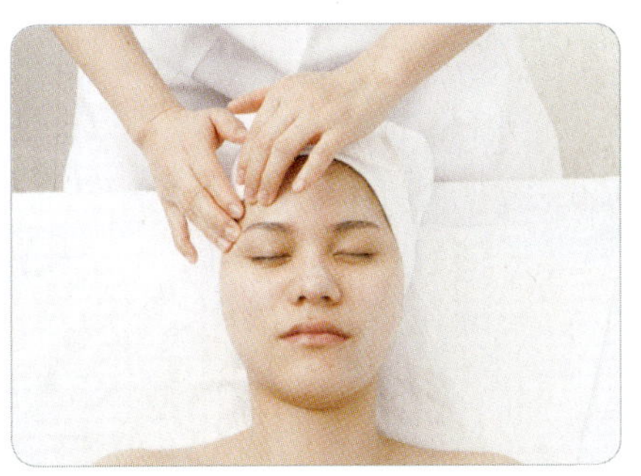

7 마무리 하기

- 왼쪽 부위는 물을 손에 적셔 러빙한다
  → 해면 처리 → 온습포 처리

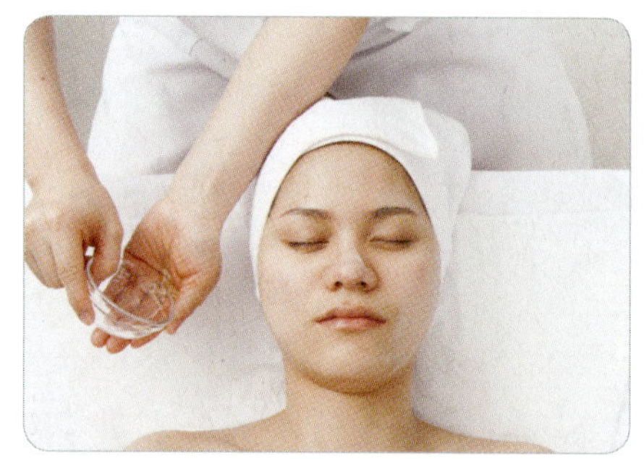

8 화장솜에 토너를 적셔 피부를 정돈한다.

4 효소(엔자임)를 이용한 딥 클렌징

 효소의 활성을 위해 얹는 온타월은 다시 피부를 닦는데 사용하지 않는다.

1 손 소독

2 유리볼에 적당량의 효소 파우더를 덜어 낸다.

3 정제수를 소량 붓고 브러쉬로 골고루 섞 어준다.

4 효소의 묽기 조절에 유의한다. 너무 묽으면 도포가 고르게 되지 않으며 너무 되 직하면 빨리 건조되기 때문에 제거하기에 불편하다.

5 눈에 아이패드를 얹는다. (작업의 편리상 하지 않아도 무관하다.)

6 브러쉬를 이용하여 바른다.

- 아래턱부터 귀 볼 → 입꼬리 부터 귀 중앙 → 코 옆부터 관자놀이 부근까지 → 반대편 → 콧망울과 코벽, 콧 등, 미간 사이까지 → 이마 → 코 밑

- 사용한 브러쉬는 사용 후 보관통에 담는다.

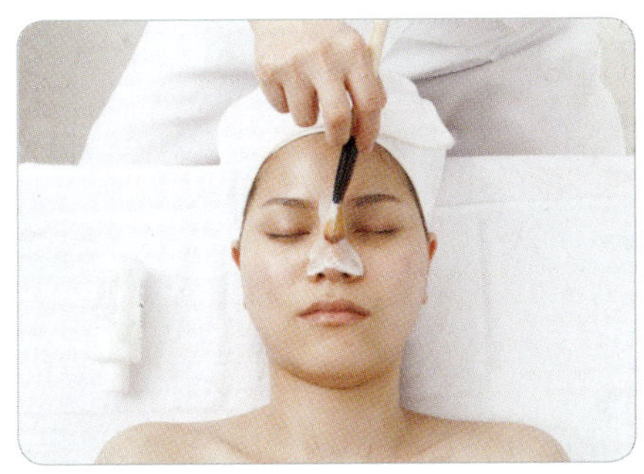

7 젖은 거즈(선택 사항) → 온습포 온도 체크 → 온습포(필수)를 얹는다.

8 적당한 온도, 습도, 시간을 적용하여 효소가 작용하도록 대기한다.

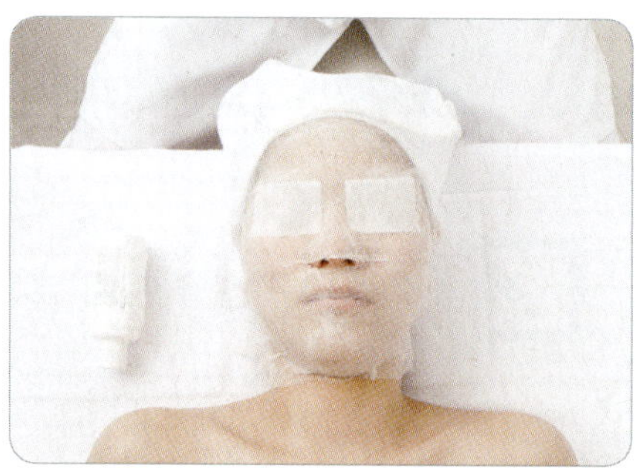

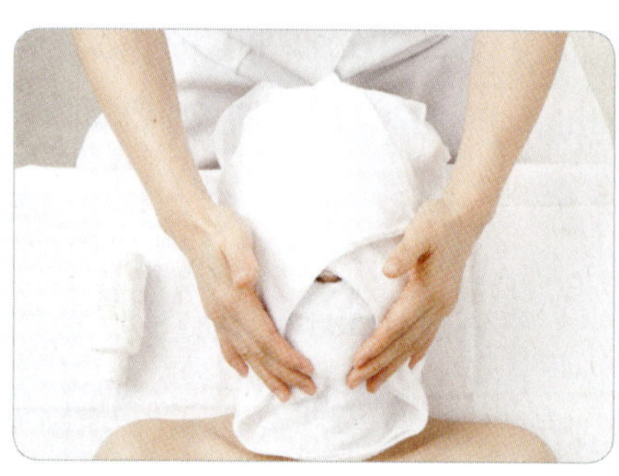

9 젖은 거즈(선택 사항) 제거 → 아이패드
   제거 → 해면 정리 → 온습포(필수) 순으
   로 마무리한다.

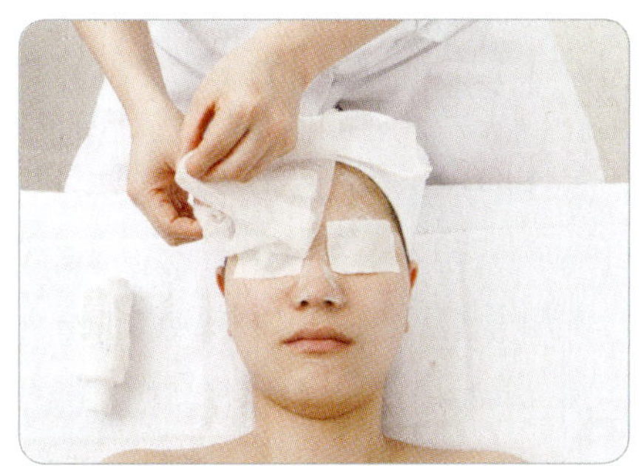

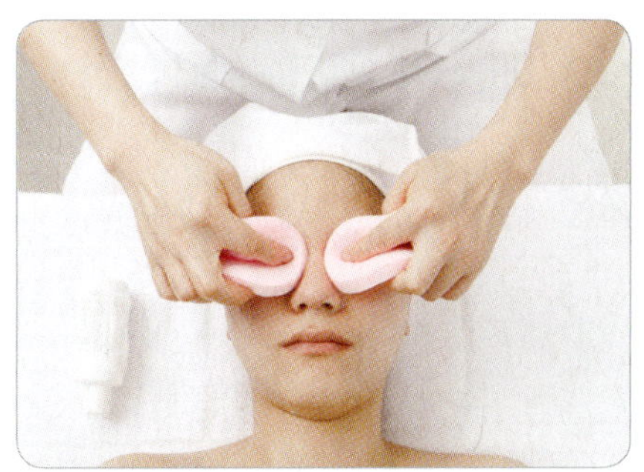

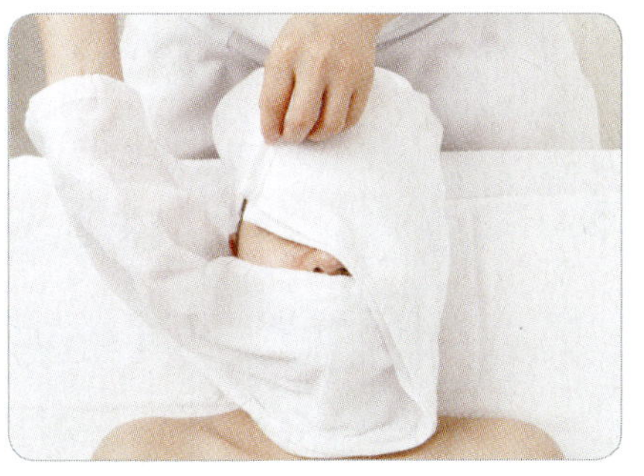

10 화장솜에 토너를 적셔 피부를 정돈한다.

6. 매뉴얼 테크닉 – 작업시간 15분

1. 매뉴얼 테크닉의 정의

화장품을 피부에 바른 후 손을 이용한 여러 가지 동작을 적절히 적용함으로써, 피부와 피하 조직의 혈행을 촉진하고 기능을 정상화하는 관리 과정이다.

2. 매뉴얼 테크닉의 효과

1 혈액 및 림프 순환을 원활하게 한다.

2 노화 각질 제거 및 세정효과를 준다.

3 모세혈관을 강화한다.

4 조직의 노폐물 배출을 돕는다.

5 피부의 기능을 정상화한다.

6 근육 조직을 이완한다.

7 결체 조직에 탄력성을 부여한다.

8 피부 및 피하 조직의 유연화.

9 화장품의 유효 성분 흡수가 용이해진다.

10 심리적인 안정감을 제공한다.

3. 매뉴얼 테크닉 시 주의사항

1 관리사의 손톱은 짧게 정리되어 자극을 주지 않도록 한다.

2 관리사의 손 온도는 체온에 맞게 따뜻해야 한다.

3 매뉴얼 테크닉 시 제품이 눈이나 코, 입에 들어가지 않도록 한다.

4 테크닉 동작은 근육결, 피부결 방향으로 한다.

5 테크닉은 리듬감있고 연결성이 자연스러워야 한다.

6 관리사의 손이 모델의 피부에 안정감있게 밀착되어야 한다.

7 알맞은 속도를 유지하며 너무 빠르거나 느리지 않아야 한다.

8 각각의 테크닉에 적당한 강약을 조절하도록 한다.

9 기본동작 5가지 테크닉을 골고루 사용한다.

10 지나치게 강한 자극은 피한다.

11 조용하고 깨끗한 환경에서 실시한다.

4. 매뉴얼 테크닉을 삼가야 하는 경우

- 임산부

- 내·외부의 상처가 있는 피부

- 정맥류가 있는 경우

- 알레르기 증상이나 각종 피부질환 환자

- 홍반 현상이나 자극된 피부

- 심한 민감성 피부

- 심한 염증이 있는 피부

5. 매뉴얼 테크닉의 종류

1 쓸어서 펴바르기 (Effeurage. 쓰다듬기. 경찰법)

- 손바닥 전체를 이용하여 피부 표면을 쓰다듬는 동작으로 테크닉의 처음과 마무리 단계에 주로 쓰인다.
- 효과
  - 진정 효과
  - 림프순환 및 혈액 순환 촉진효과
  - 노화된 각질 제거로 인한 세정효과

2 밀착하여 펴바르기 (Friction. 문지르기. 강찰법)

- 주로 중지(3번째), 약지(4번째)의 손가락 첫마디 부분을 이용하여 나선을 그리듯이 움직이는 동작으로 조금 더 깊은 조직에 효과가 있다.
- 주름이 생기기 쉬운 부위에 주로 많이 적용한다.
- 효과
  - 조직의 혈행 촉진
  - 결체조직을 강화
  - 근육 강화
  - 모공의 피지 배출 용이

3 어루만져 펴바르기 (Petrissage. 반죽하기. 주무르기. 유연법)

- 손가락 전체를 이용하여 근육을 반죽하듯 주무르는 동작으로 테크닉 중 가장 강한 방법이다.
- 효과
  - 혈행을 좋게 하여 근육의 노폐물 제거가 원활해지며 피로와 통증을 완화한다.
  - 결체조직의 강화로 탄력성을 증가 시킨다.

4 토닥토닥 펴바르기 (Tapotement. 두드리기. 고타법)

- 테크닉 부위에 따라 알맞은 강도를 결정하여 빠른 동작으로 리듬감 있게 두드린다.
- 제품의 흡수를 돕기 위하여 가볍게 두드린다.
- 효과

  근육 위축 방지 및 지방 과잉 축적방지(셀룰라이트 방지)신진대사 촉진, 신경조직의 기능을 활성화 시킨다.

5 떨면서 펴바르기 (Vibration. 진동법)

- 손끝이나 손 전체를 이용하여 빠르고 율동적으로 피부를 진동 시킨다.
- 효과
  - 경직된 근육의 이완
  - 결체조직의 탄력 증진
  - 림프 순환 및 혈액 순환을 촉진 시킨다.

6. 매뉴얼 테크닉 시술 방법

1 데콜테 부위

1 손 소독
2 유리볼에 오일 또는 크림을 적당량 덜어 놓는다.
3 도포하기 – 클렌징 도포하기 자료 참조

4 한손씩 교대로 데콜테 부위를 쓰다듬어 준다.

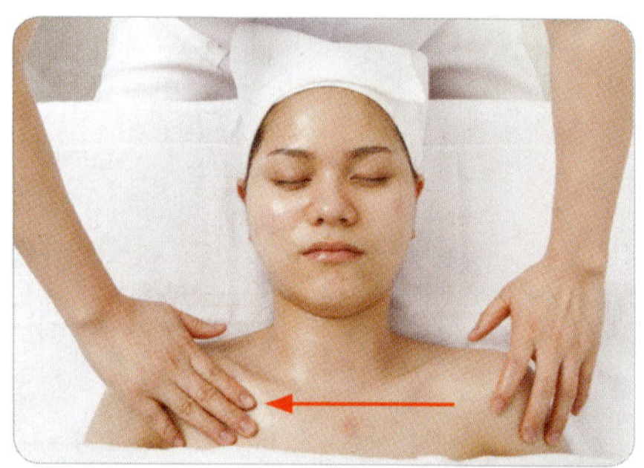

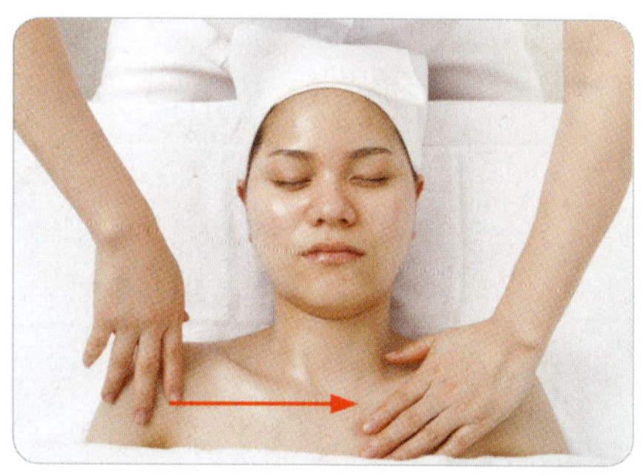

5 양손으로 흉쇄유돌근 → 데콜테 부위 방
향으로 손바닥 전체를 이용하여 쓰다듬
어 준다.

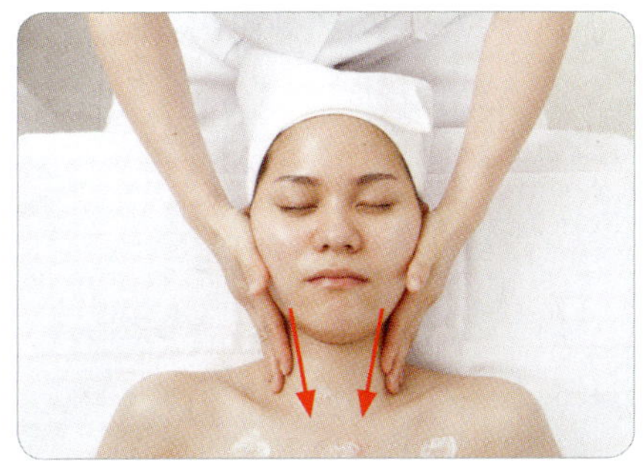

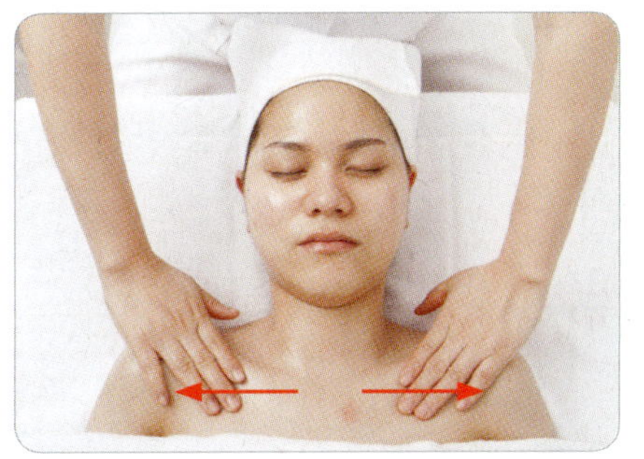

6 손가락 전체를 이용하여 데콜테 부위를
나선 모양으로 문지른다.

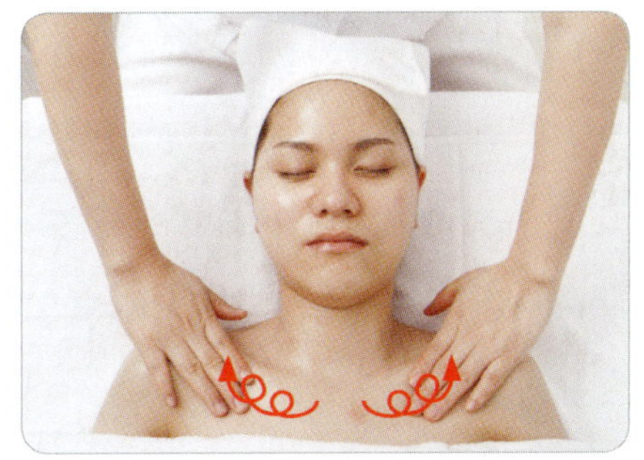

7 데콜테 부위를 양손으로 퍼올리듯 펌핑
한다.

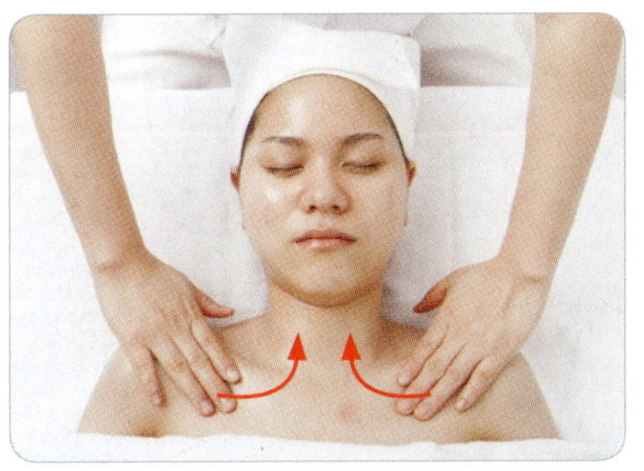

8 손가락을 이용하여 쇄골 부위 중심으로 문지른다.

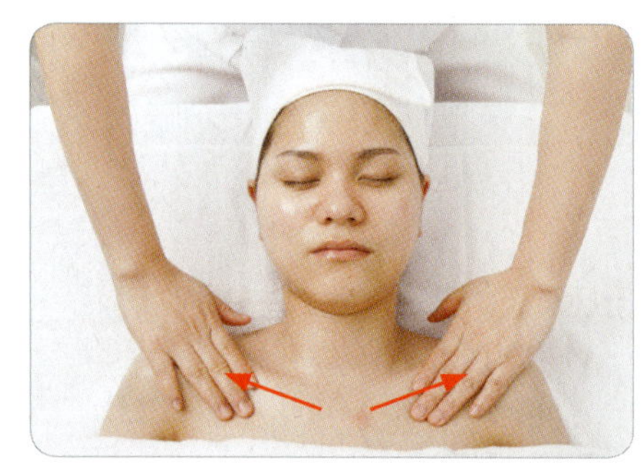

9 손가락 전체를 이용하여 데콜테 부위를 진동하면서 교대로 반복한다.

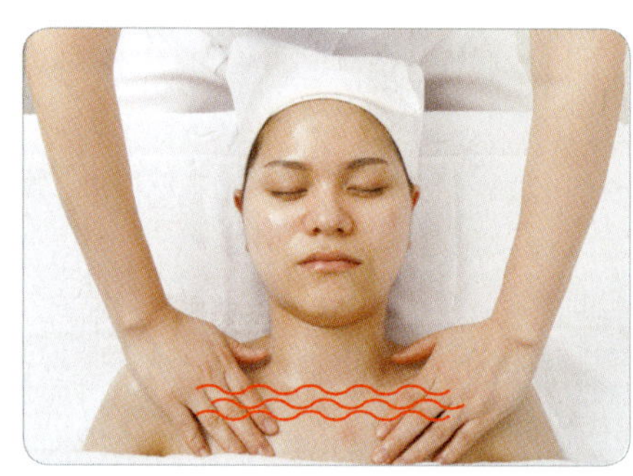

10 엄지 손가락을 이용하여 흉쇄유돌근 부위를 나선모양으로 쓰다듬어 준다.

11 손바닥 전체를 이용하여 흉쇄유돌근 부위를 나선모양으로 쓰다듬어 준다.

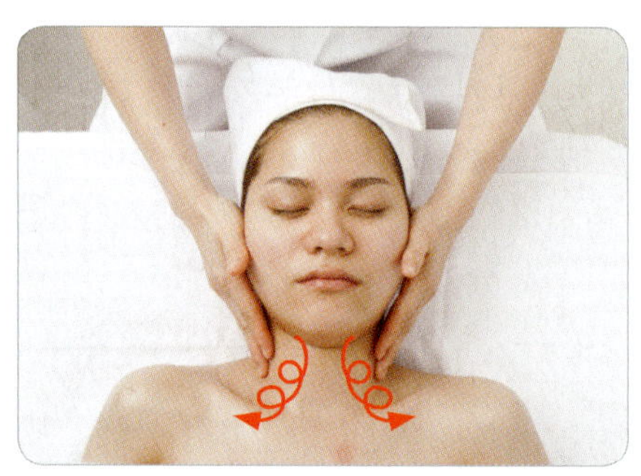

12 손바닥 전체를 이용하여 목을 쓸어 올려 준다.

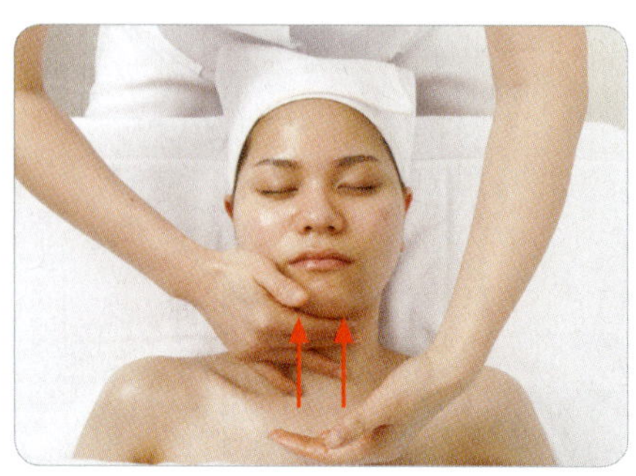

13 아래턱 부위를 쓰다듬어 준다.

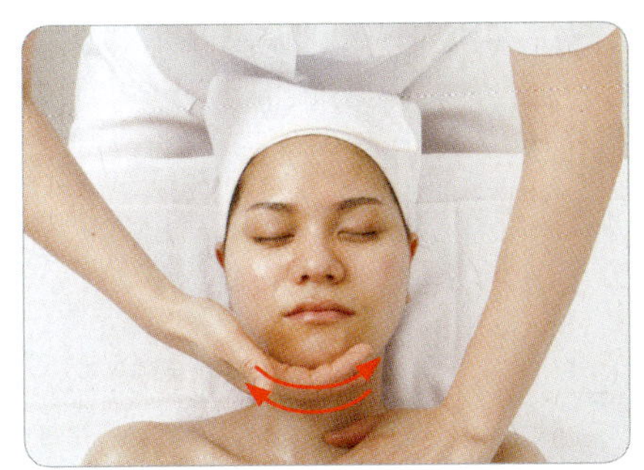

2 이마 부위

1 손바닥 전체면을 이용하여 이마를 가로로 쓰다듬어 준다.

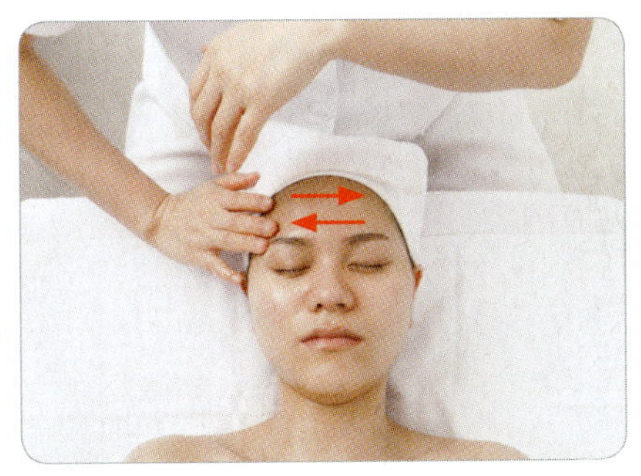

2 중지와 약지를 이용하여 이마를 2등분한 후 문지른다.

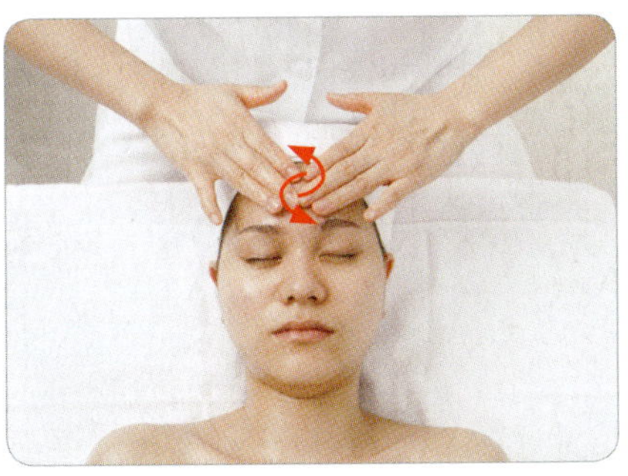

3 손바닥 전체면을 밀착하여 이마 전체를
쓰다듬어 준다.

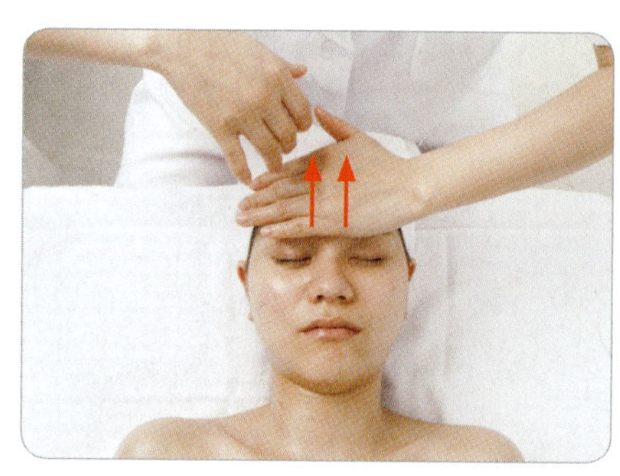

4 미간 부위 동작
- 한손은 2, 3지를 벌려 이마에 텐션을
  주고 다른 한손은 3, 4지로 둥글리듯
  문지른 후, 텐션을 준 손의 2지 또는 3
  지로 쓰다듬어 풀어준다. → 반복하여
  동작

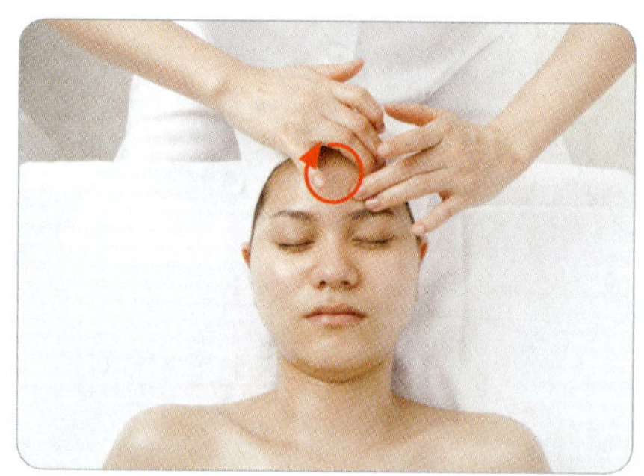

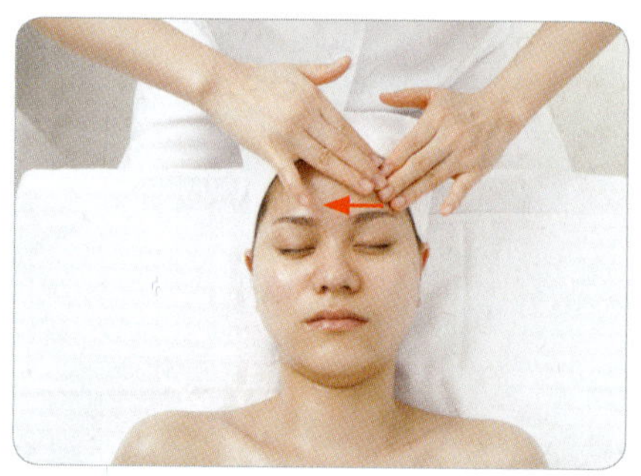

5 양 손바닥을 이용하여 위로 향하여 이마
전체를 쓰다듬어 준 후 가로방향으로 쓰
다듬어 마무리한다.

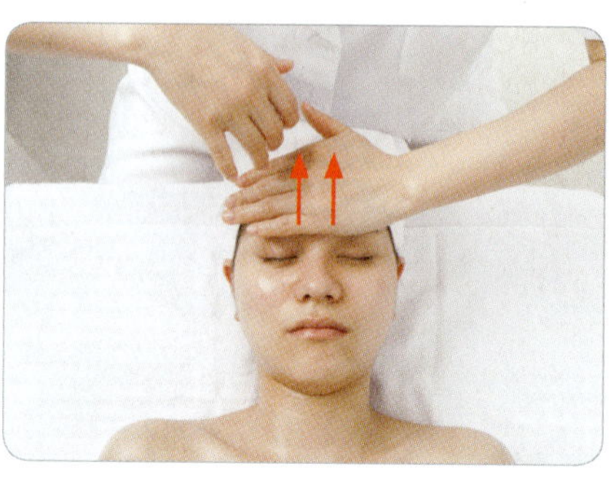

3 눈 부위

1 양손의 2, 3지로 눈 주위를 원을 그리듯
부드럽게 쓰다듬어 준다.

2 눈썹 부위를 부드럽게 쓰다듬어 준다.

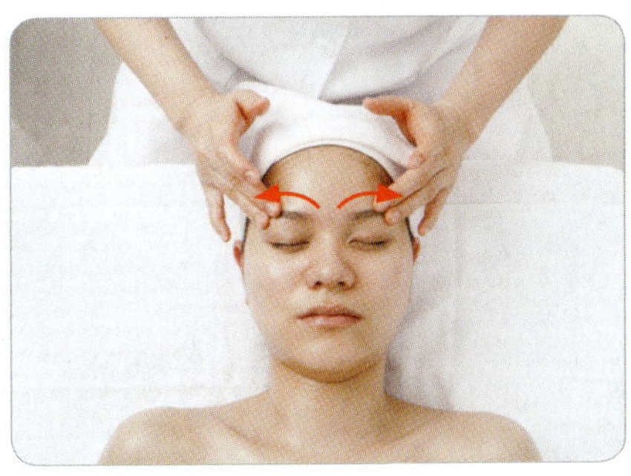

3 손가락의 면을 이용하여 부드럽게 8자 모양으로 쓰다듬어 준다.

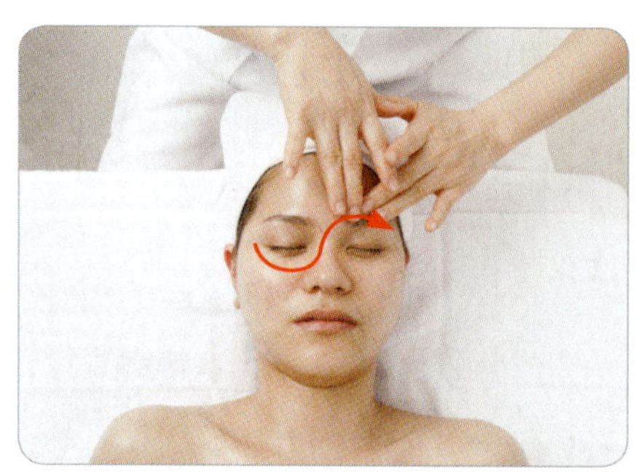

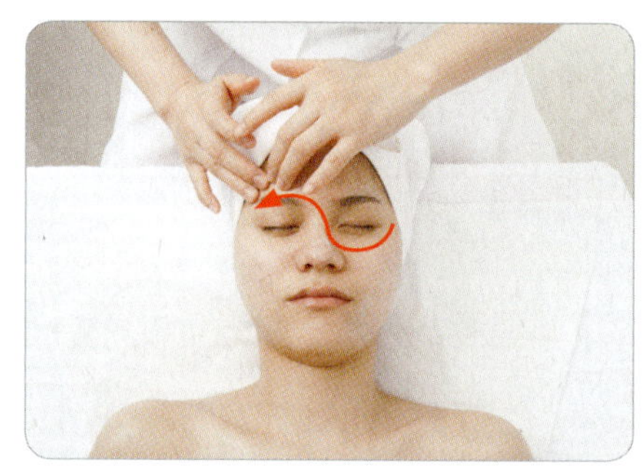

4 3, 4 지를 이용하여 관자놀이 부위를 8자 모양으로 문지른다.

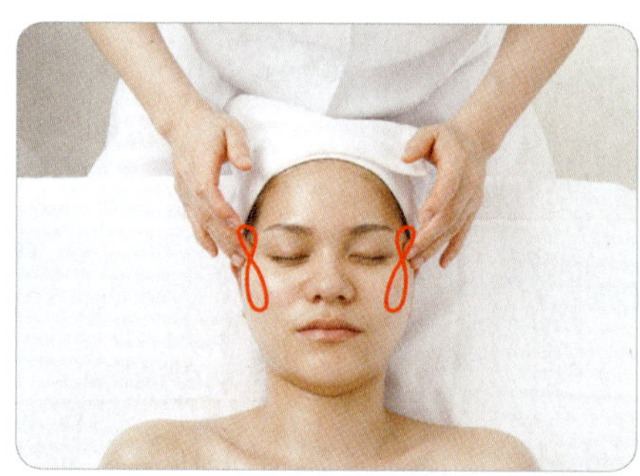

5 손가락을 이용하여 눈주위 전체를 토닥이며 진동한다.

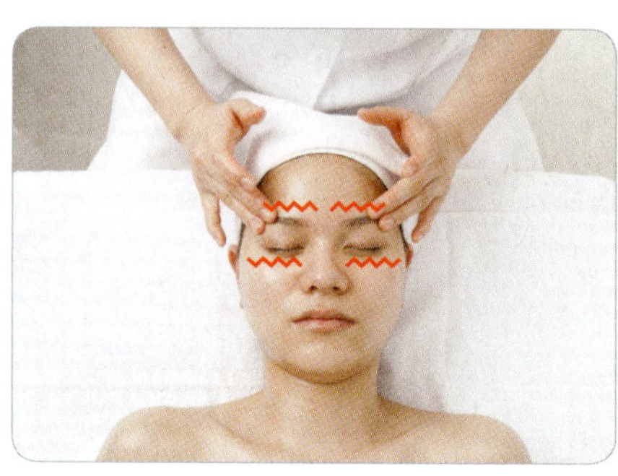

6 눈주위 전체를 부드럽게 쓰다듬어 준다.

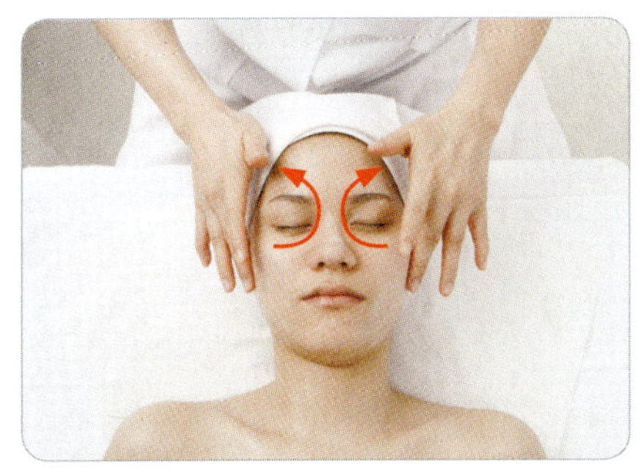

4 코 부위

1 3, 4지를 이용하여 콧망울 → 코 벽 →
콧등 까지 연결하여 문지른다.

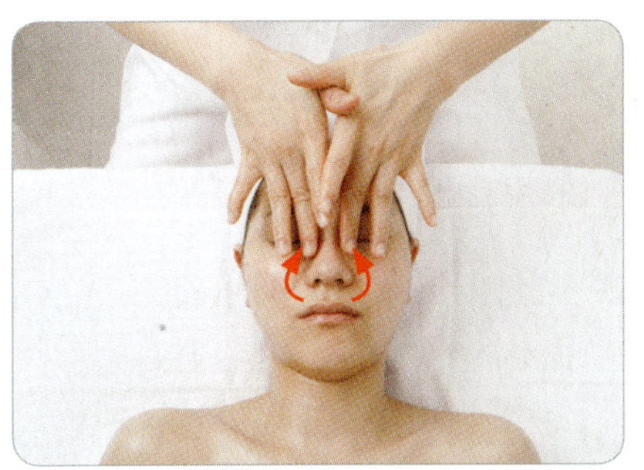

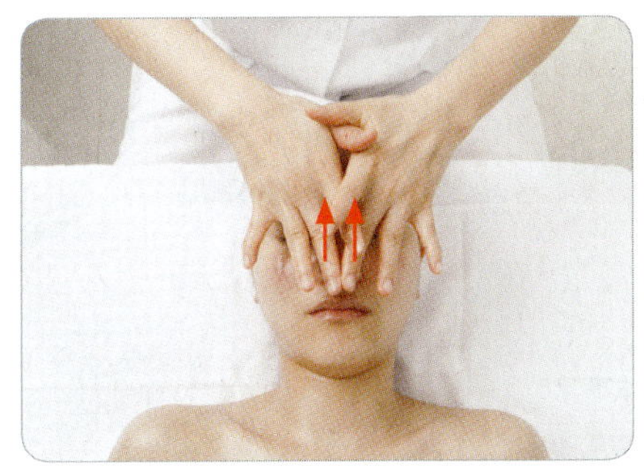

2   콧망울을 원을 그리듯 문지른다.

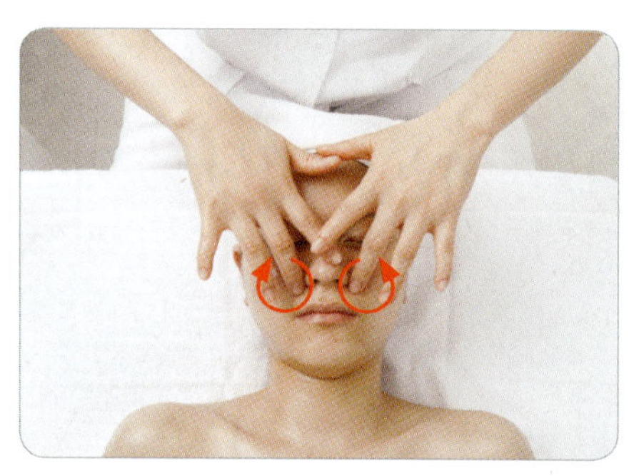

3   코 끝을 잡아 튕기듯이 빼준다.

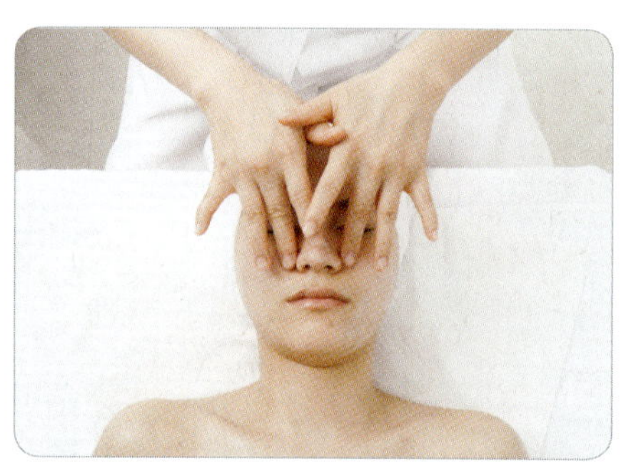

5   볼 부위

1   아래턱 → 귀 아래 부분까지 나선 모양
을 그리듯 문지른다.

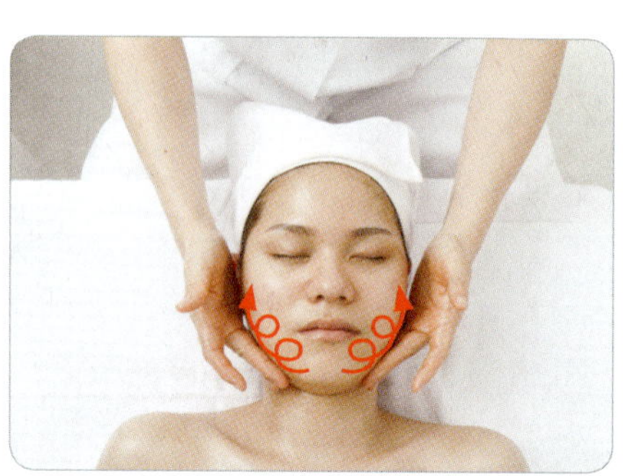

2 입꼬리 → 귀 중간 부분까지 나선 모양을
그리듯 문지른다.

3 콧망울 옆 → 귀 윗부분까지 나선 모양을
그리듯 문지른다.

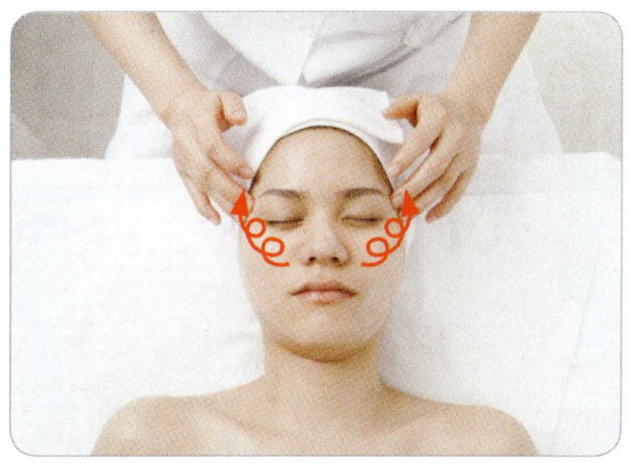

4 손가락을 이용하여 한볼씩 교대로 진동
하여 준다.

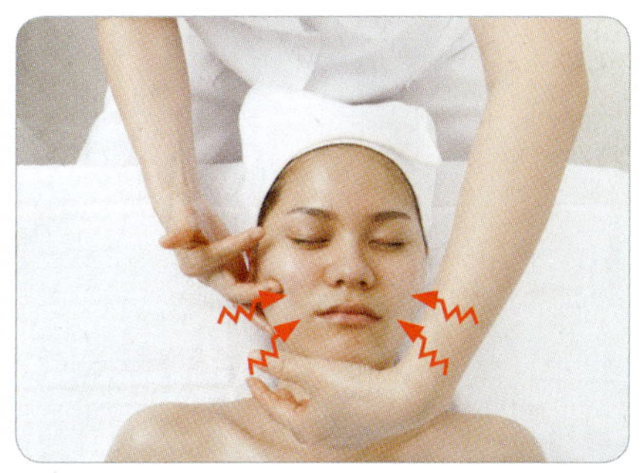

5 양손을 동시에 이용하여 양볼을 동시에
진동하여 준다.

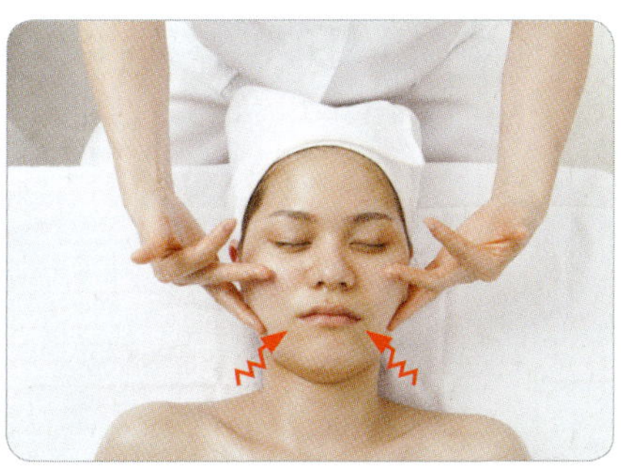

6 3, 4지를 이용하여 양볼을 교대로 집듯
이 튕겨준다.

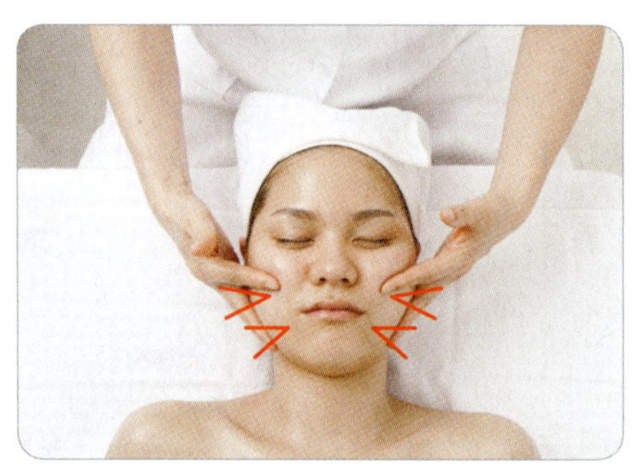

7 양손바닥을 이용하여 양볼 전체를 쓰다
듬어 준다.

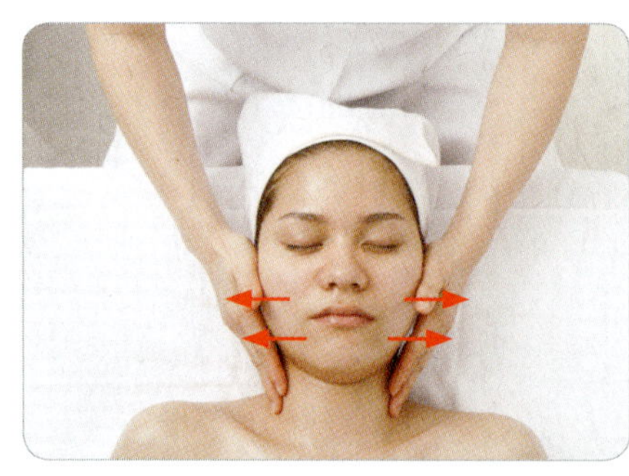

6 입술 부위

1 2, 3지를 벌려 입술전체를 쓰다듬어 귀
앞까지 연결하여 쓰다듬어 준다.

2 손을 바꾸어 동작을 반복한다.

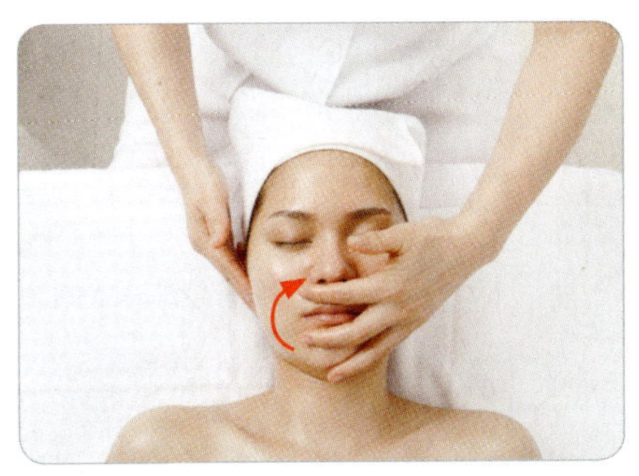

3 입가 주름을 아래에서 위로 나선을 그리
며 문지른다.

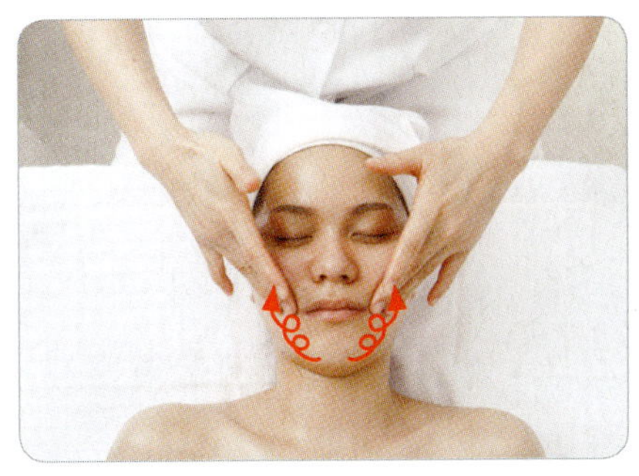

4 입가 주름을 아래에서 위로 끌어 올리듯
이 쓰다듬는다.

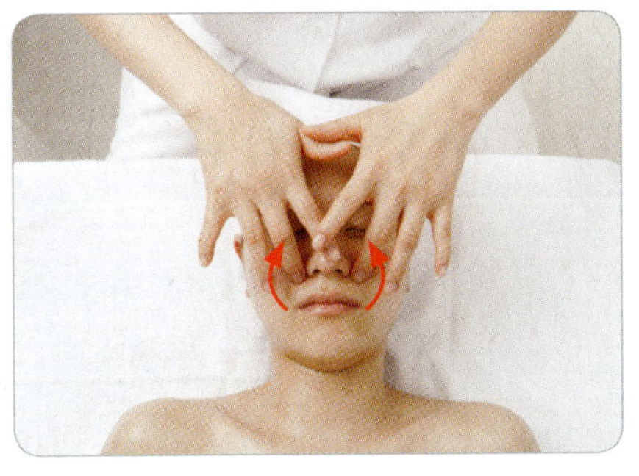

5 입 부위 전체를 손가락으로 토닥인다.

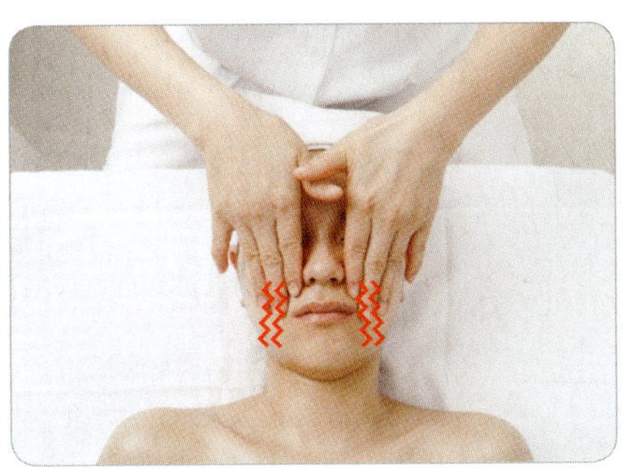

7 턱 부위

1 한손으로 턱선을 쓰다듬어 반대손으로
연결하여 동작을 반복한다.

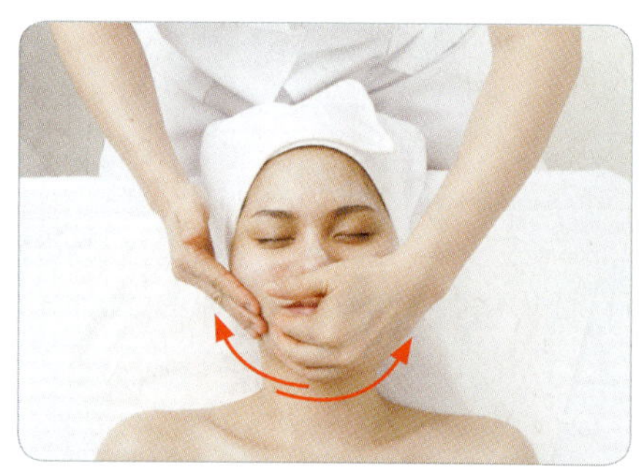

2 양 엄지를 교차하여 턱선 전체 부위를 나
선을 그리듯이 주물러 준다.

3 양 엄지를 교차하여 턱선 전체 부위를 지
그재그로 문질러 준다.

4 턱선 전체를 진동하여 준다.

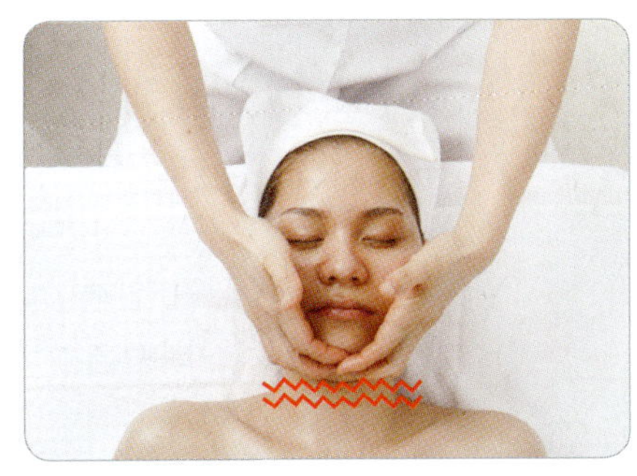

5 턱선 전체를 쓰다듬어 준다.

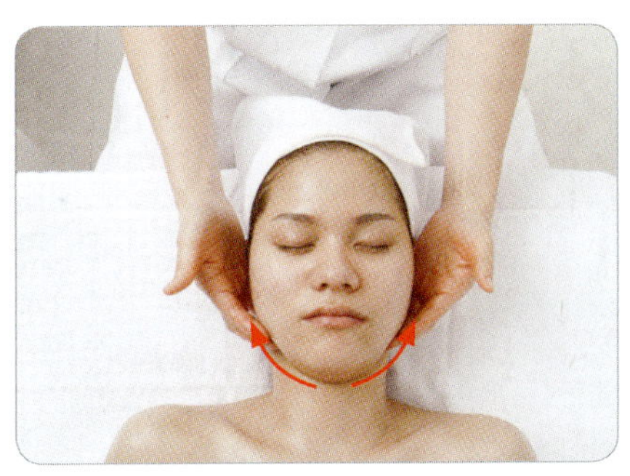

8 마무리 테크닉

1 양손으로 얼굴 라인 전체 쓰다듬기와 진동하기를 반복하여 준다.

2 얼굴의 하부 부위를 쓰다듬는다.

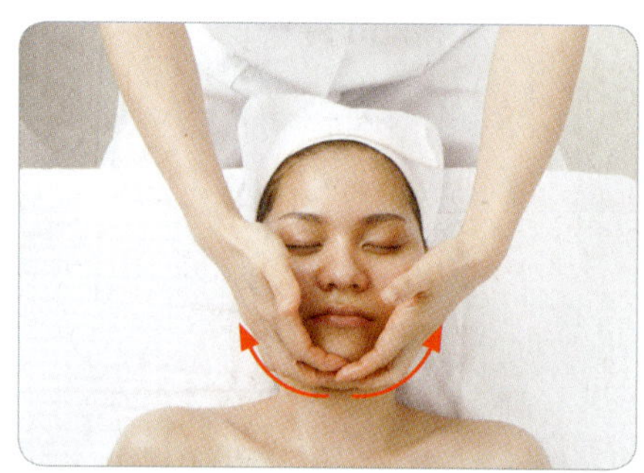

3 얼굴의 중부 부위를 쓰다듬는다.

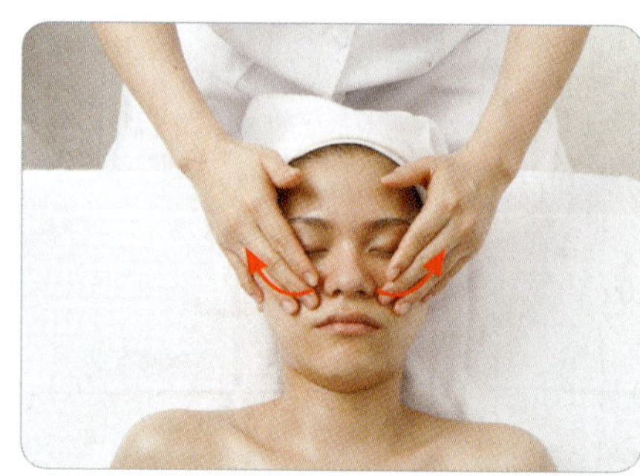

4 얼굴의 상부 부위를 쓰다듬는다.

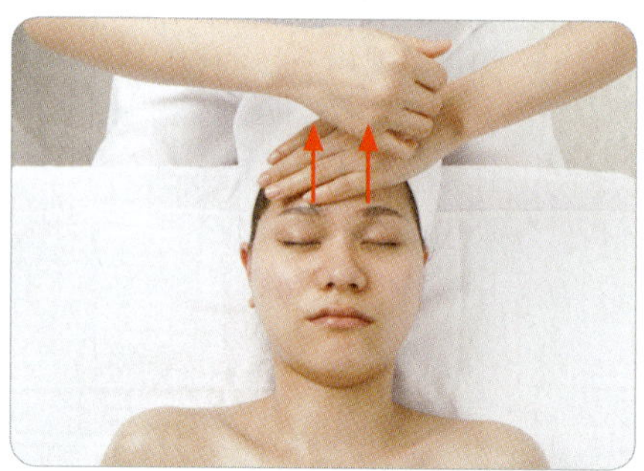

5 목선을 연결하여 데콜테 전체를 쓰다듬어 마무리 한다.

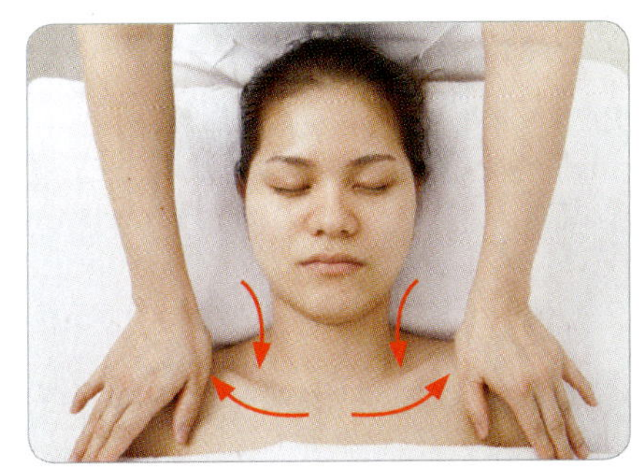

9 매뉴얼 테크닉 마무리

티슈로 유분기 제거 → 해면 처리 → 온습포 닦기 → 토너로 피부 정돈

티슈로 유분기 제거

해면 처리

온습포

토너 피부 정돈

7. 팩 및 마무리 – 작업시간 15분

1. 팩의 개념

팩이란 '포장하다', '둘러싸다' 라는 뜻으로 영어단어 'Package' 에서 유래되었으며 피부를 팩제로 밀폐시켜 일시적으로 외부의 공기를 차단하고 피부에 영양과 수분을 공급하는 것이다. 일반적으로는 팩이나 마스크를 같은 의미로 혼용하지만, 팩은 바른 후 굳어지지 않으며 공기가 통과하는 것이고 마스크는 도포 후 굳어서 공기가 차단되는 것을 의미한다.

2. 목적 및 효과

1. 피부에 노폐물 제거 및 불필요한 각질을 제거하여 피부를 정화시킨다.
2. 피부에 영양과 수분을 공급한다.
3. 성분에 따라 미백, 진정, 살균, 노화 방지 효과 등을 부여한다.
4. 긴장감을 부여하여 피부 탄력을 증진시킨다.
5. 피부의 미세순환을 촉진시킨다.

3. 팩의 분류

1 제거 방법에 따른 분류

1 필 오프 타입

- 팩을 도포하고 필름처럼 건조되면 아래에서 위로 떼어내는 타입
- 노폐물과 각질 정리 효과가 뛰어나서 지성 피부에 좋다.

2 워시 오프 타입

- 팩을 도포하고 일정 시간이 지나면 물로 씻어내거나 해면으로 닦아낸다.
- 모든 피부에 적합하다.

3 티슈 오프 타입

- 팩을 도포하고 일정 시간이 지나면 티슈로 닦아내거나 흡수시킨다.
- 수면팩으로도 사용하며 건성, 노화 피부에 적합하다.

2 제형에 따른 분류

1 크림 형태의 팩

2 겔 형태의 팩

3 분말(파우더) 형태의 팩

4 클레이 형태의 팩

5 무스 형태의 팩

6 시트 마스크

7 석고 마스크

8 고무 마스크

9 왁스 마스크

10 천연 팩

4. 크림팩 도포 – 작업시간 10분

- 팩은 냉습포로 닦는다.
- 여러 가지 피부 타입을 작업할 경우 피부 타입 수만큼 브러쉬를 사용한다.

1 손 소독

2 관리 계획표에 작성된 피부 타입에 알맞은 팩을 유리볼에 덜어 놓는다.

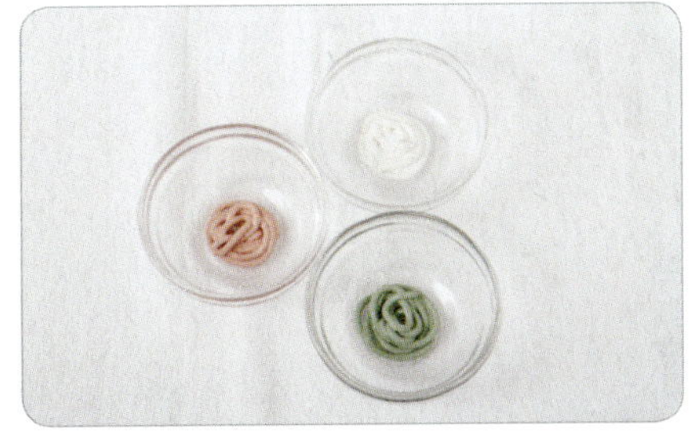

팩 도포 후 고객의 머리 옆에 사용한 팩을 올려둔다.
(팩 사용에 대한 심사위원의 채점 작업배려를 위해서)

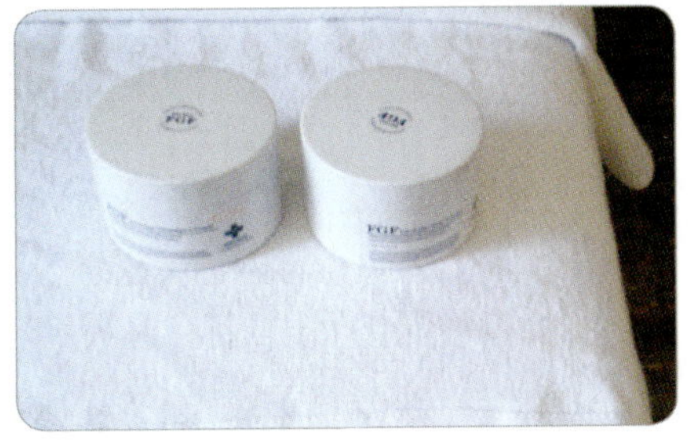

3 아이크림과 립크림을 발라준다.

4 팩 도포하기

- **T-zone 팩 도포**: 콧망울 → 코 벽 → 콧등 → 이마 순으로 균일하게 도포 한다.

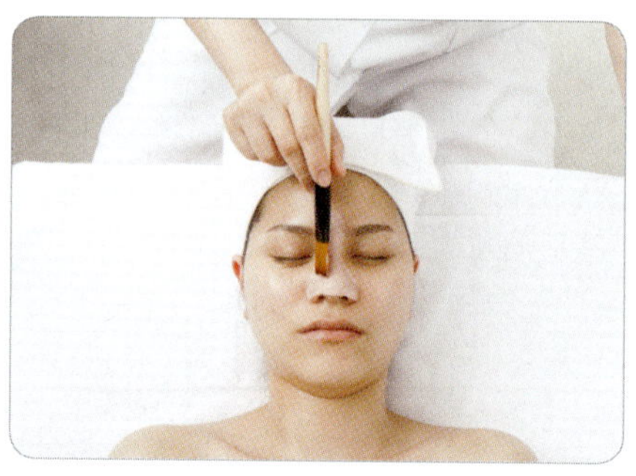

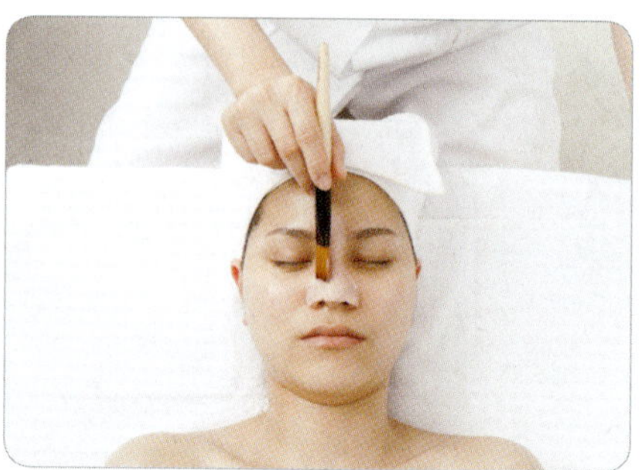

- **U-zone 팩 도포**: 아랫 입술 밑에서 하악 끝 부근까지 바른다. → 입 꼬리 부근에서 귓 볼 앞까지 → 콧망울 옆에서 귀 앞까지 → 콧 등 옆에서 관자놀이의 T-zone 팩이 끝나는 지점까지 바른다. → 반대편 부위도 같은 순서로 발라준다 → 브러쉬를 세로로 하여 코 밑을 가로로 바른다.

 경계 부분의 피부가 보이지 않게 말끔히 바르도록 한다.

목 부위와 테콜테 부위 팩 도포 – 필히 쇄골 밑 3cm 이상 도포한다.

 아이패드는 필수사항이나 립 패드는 선택사항이다.

터번을 풀어 모델이 불편하지 않도록 한다.

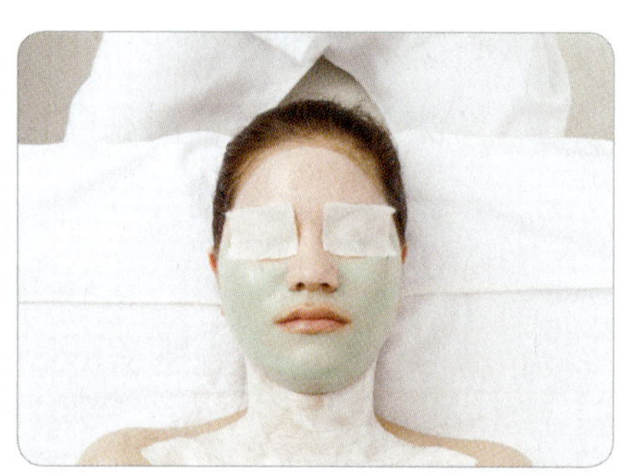

- 피부색이 비치는 투명한 팩은 사용하지 않는다.
- 피부결 방향으로 바른다.
- 피부색이 보이지 않게 적당한 두께로 바른다.
- 팩이 뭉치지 않고 고르게 도포될 수 있도록 한다.
- 눈주변, 입주변은 가까이 바르지 않는다.
- 눈썹, 헤어라인, 헤어밴드에 팩이 묻지 않도록 유의한다.
- 복합성 피부 예시일 때 붓과 유리볼은 재사용하지 않는다.

5 팩 마무리하기

- 해면 처리 → 냉습포 → 토너 정리 → 아이·립크림 도포 → 모든 피부용 크림으로 마무리한다.

마무리 크림을 적당량 사용하여 다음 과제(림프 드레니쥐)에 지장을 주지 않도록 한다.

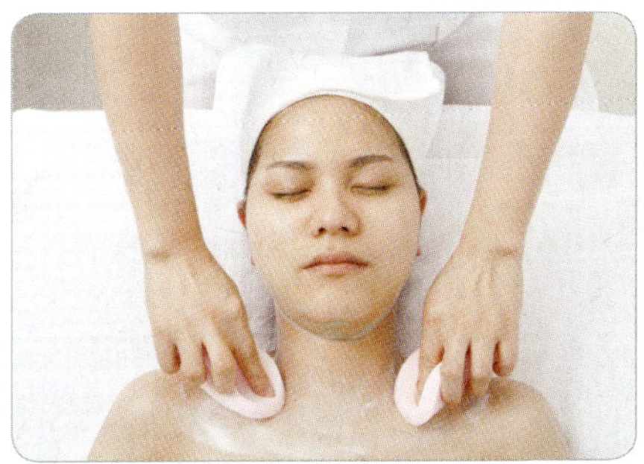

해면 처리

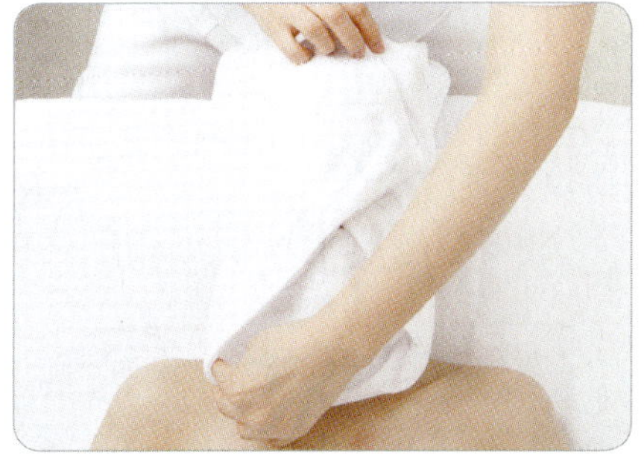

냉습포

토너 정리

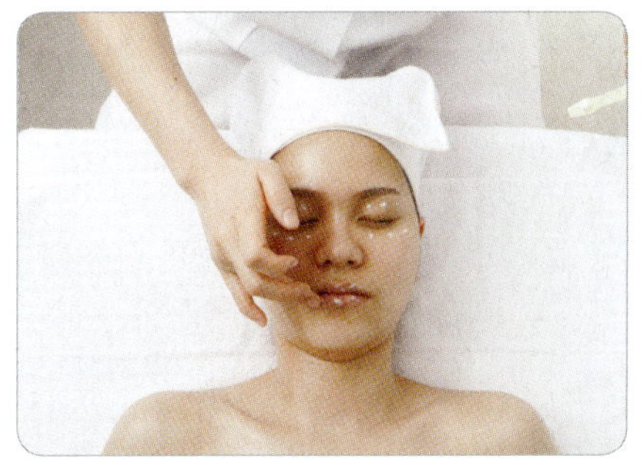

아이·립크림 도포

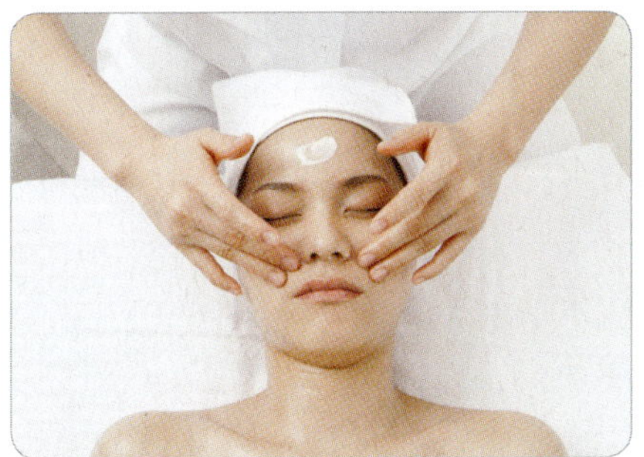

마무리 크림

5. 석고 마스크 – 작업시간 20분

1 목의 주름이 펴지도록 목덜미에 타월을 둥글게 말아 편하게 댄다.

2 모발에 크림이나 석고가 묻지 않게 머리의 터번에 티슈로 잘 싼다.

3 소독한 손으로 눈 주위에는 아이크림을 바르고 눈썹 부위와 입술을 포함하여 얼굴 전체에는 피부 유형별 영양크림 또는 석고 전용 베이스크림을 조금 두껍게, 빈틈없이 헤어라인 잔털까지 모두 바른다.

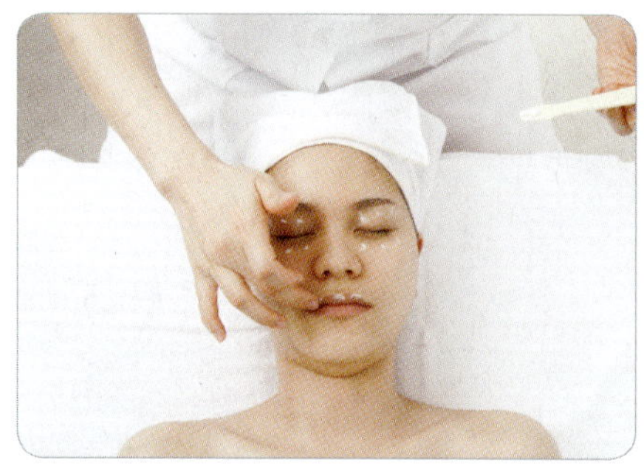

4 눈썹을 포함하여 눈 부위, 입술 부위에 거즈나 아이패드를 조금 넓고 두껍게 만들어 덮어 보호한다.

5 미리 숨구멍을 내고 물기를 꽉 짠 젖은 거즈를 피부에 밀착시킨다.

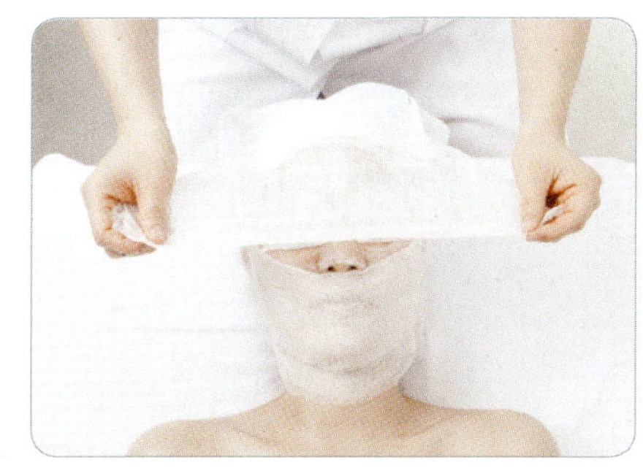

6 파우더를 볼에 담아 가루가 뭉쳐 있지 않도록 조금 흔들어 균일하게 만들어 준 후, 약 22℃의 물에 적절한 양을 섞은 후 한 방향으로 빠르게 저어준다. 파우더가 너무 묽게 되면 바를 때 흐르게 되고, 되직하면 빨리 굳어져 바르기 힘들므로 반죽상태에 주의해야 한다(물의 온도가 높을수록 빨리 굳어지고 열을 더 많이 발산하는 특성이 있다는 것을 유념해야 한다. 국가자격시험에서는 찬물을 사용해도 무방하다).

7 석고 도포 시 큰 스파튤라를 사용하여 신속하게 일정한 두께로 얼굴의 골격을 알 수 있도록 바른다. 국가자격시험에서의 도포범위는 얼굴에서 목의 경계부위(턱 하단 포함)까지 이므로 딥클렌징 도포처럼 턱선까지만 도포해서는 안된다. 또한 도포 시 코는 호흡에 방해가 되지 않도록 주의해야 한다.

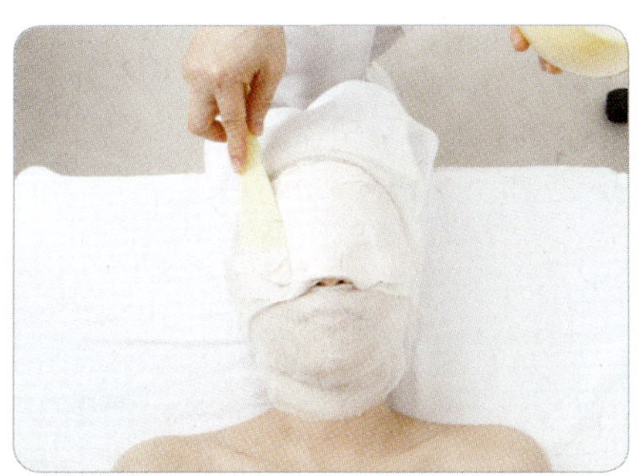

8 열이 올라갔다가 완전히 식으면 양 턱선
에 손을 대고 가볍게 석고를 움직인 후
아래에서 윗방향으로 떼어낸다.

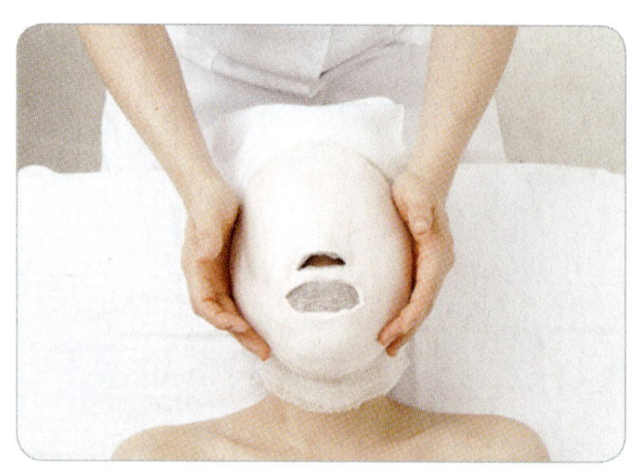

9 마스크를 제거한 후 피부에 남아있는 크림을 해면처리 후 냉습포로 닦아 내고
화장수로 피부를 정돈한 후 아이, 립크림, 영양마무리 크림을 바르고 주변정리
를 한다.

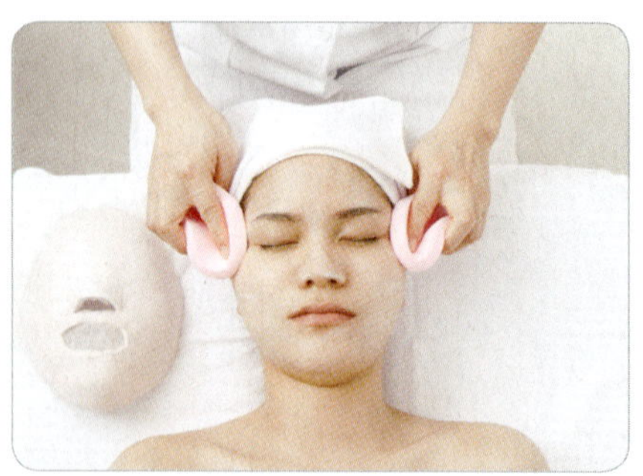

10 석고 마스크 용기에 남아 있는 석고 잔여물을 세면대에서 바로 씻어내지 않고
응고시킨 후 잘 부서뜨려서 쓰레기통에 버린다.

6. 고무 마스크 – 작업시간 20분

1 마스크가 묻지 않게 머리의 터번에 티슈로 잘 싼다.

2 손 소독 후 아이·립크림을 바르고 립패드
를 한다.

3 파우더를 제품에 따라 정제수에 혼합하
여 큰 스파튤라를 이용하여 눈, 코, 양
볼, 이마, 턱을 바르고 코에는 호흡에 방
해가 되지 않도록 주의해야 한다. 입은
바를 수도 있으나 고객의 요구에 따라 바
르지 않아도 된다. 국가자격시험에서는
고무마스크 도포 전 특수 앰플이나 거즈
는 적용할 필요는 없다.

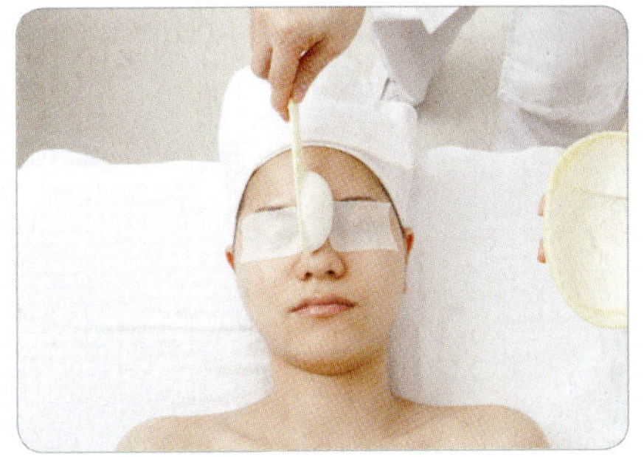

4 수분 후 마스크는 고무 형상으로 굳어지
고 고객은 시원한 느낌을 받는데 20분 후
에 밑에서부터 윗방향을 향해 한 장의 고
무판으로 제거해 낸다. 제거 전 젖은 해
면으로 가장자리를 젖혀서 마른 가루가
날리지 않도록 주의하여 양손으로 제거
한다.

5 화장수로 피부를 정돈한 후 아이, 립크
림, 영양마무리 크림을 바르고 주변정리
를 한다.

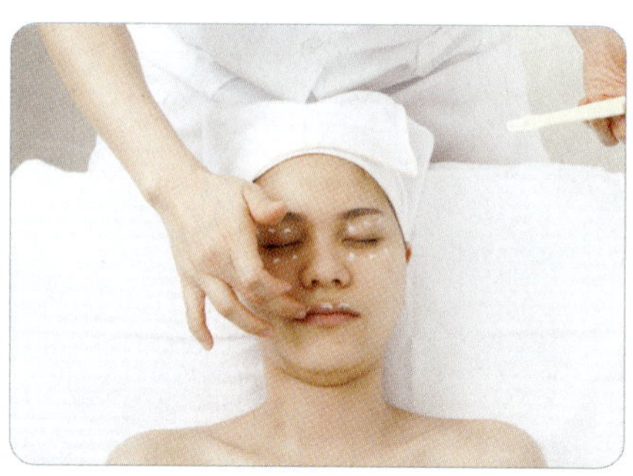

3 제2과제

1. 전신 관리 개요

1 목적 및 효과

- 혈액 및 림프의 순환을 촉진한다.
- 세포에 영양과 산소를 공급하고 노폐물과 독소를 제거한다.
- 신경계를 진정시켜 심신의 피로를 풀어준다.
- 근육 이완을 통해 몸을 유연하게 한다.

2. 2과제 준비하기

1. 웨건 셋팅

상단 셋팅

매뉴얼 테크닉용 오일, 토너, 진정용 젤, 화장솜, 알콜솜, 탈컴 파우더, 라텍스 장갑, 제모용 스틱, 무슬린 천(부직포), 종이컵, 족집게, 붓 (사용 가능)

 2교시에 사용하지 않는 물건은 모두 가방에 넣어 베드 밑에 정리한다.

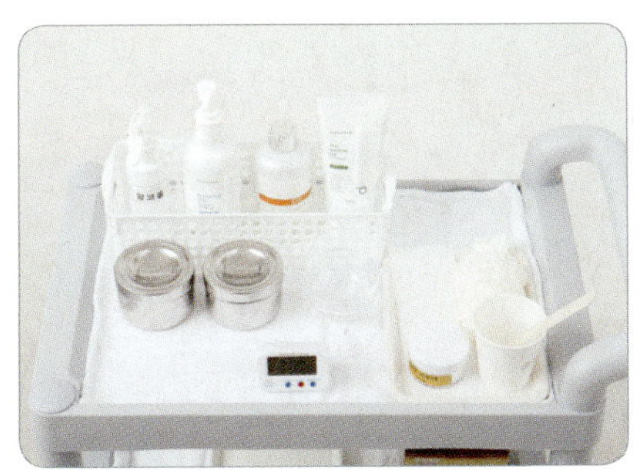

2. 모델 준비 및 베드 셋팅

1 모델용 가운을 속옷이 보이지 않도록 깔끔하게 정리한다. (짧은 흰색 쫄바지를 입고 가면 정리하기에 수월하다.)

2 소타월을 이용하여 모델용 가운이 보이지 않도록 한다.

3 중타월을 이용하여 왼쪽 다리는 보이지 않게 덮어둔다.

4 모델의 오른쪽 팔을 제외한 부분을 대타월로 덮어둔다.

5 등밑에 깔아 놓은 중타월로 모델의 옆구리를 감싸 정리한다.

- 팔 관리시 오일이 모델의 가운에 묻거나 관리 동작이 방해를 받지 않도록 한다.

- 모델이 베드 왼쪽으로 자리를 옮겨 누우면 관리 공간이 확보된다.

6 다리 관리시 모델의 발 끝은 베드의 끝지점과 맞추어 셋팅하여야 작업이 용이 하다.

클렌징

토너를 적신 큰 화장솜으로 상완 → 하완 → 손을 클렌징 한다.

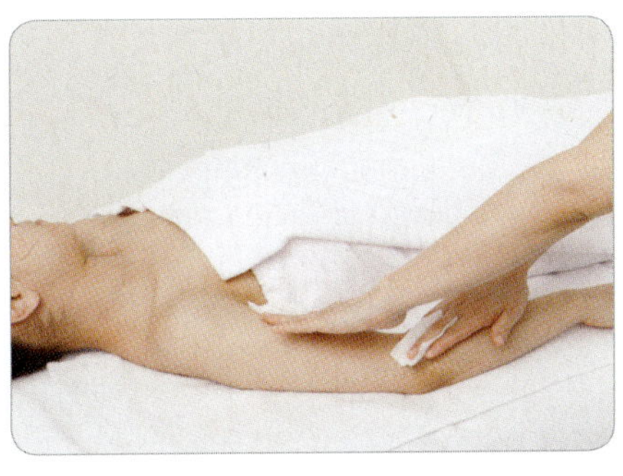
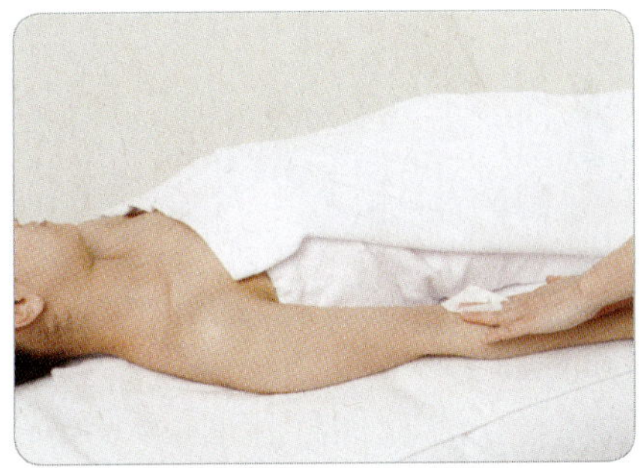
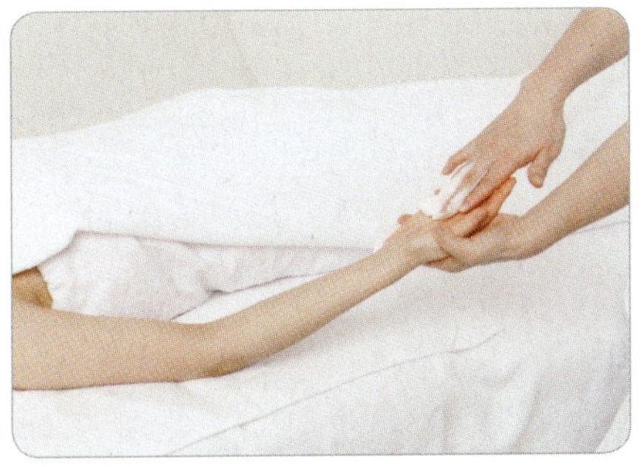
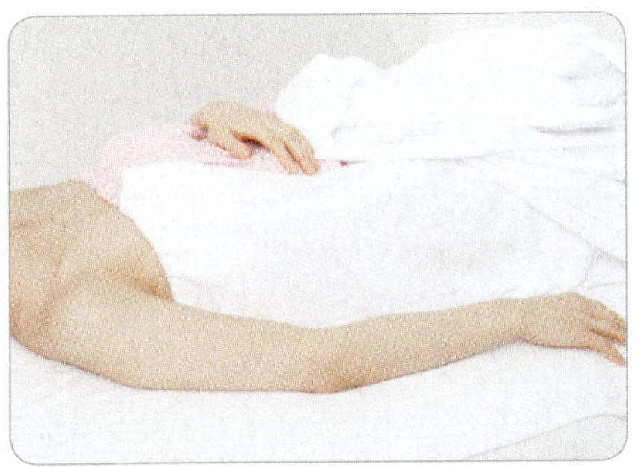

2 오일 도포

오일을 찍듯이 배분하고 쓰다듬어 도포한다.

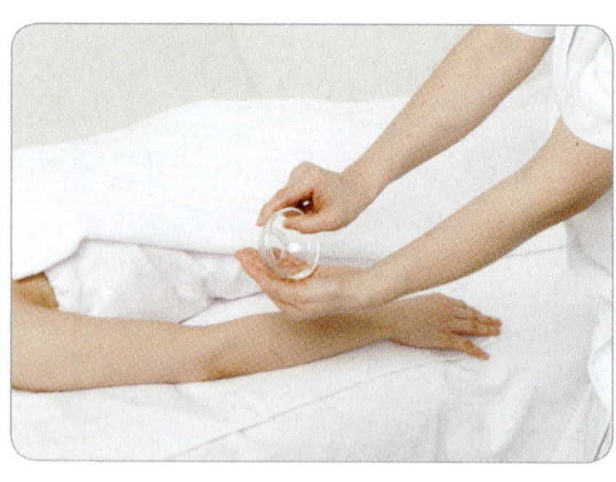
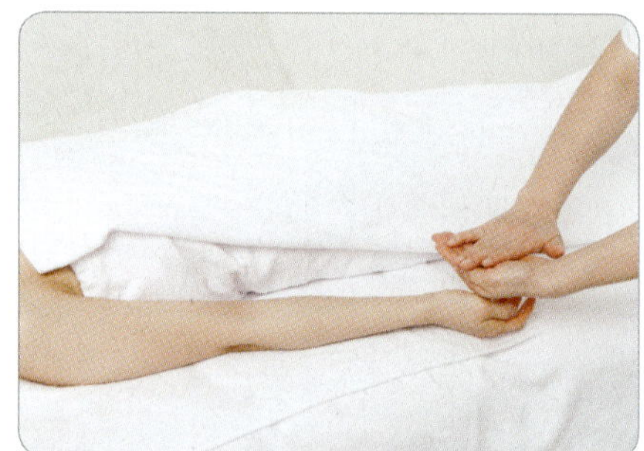

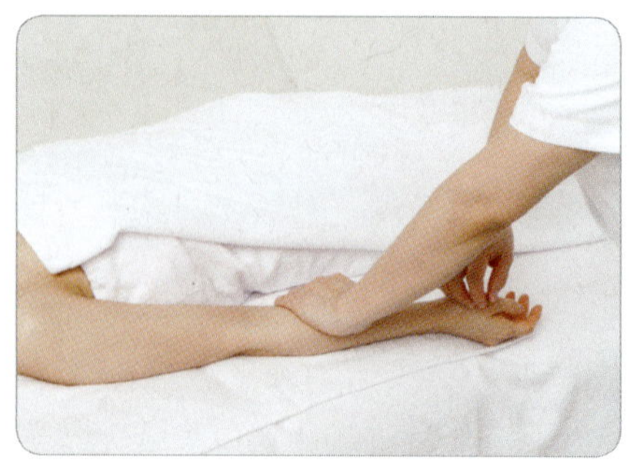
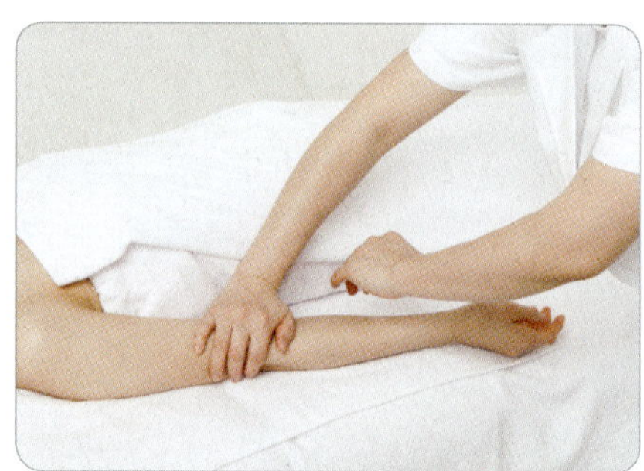

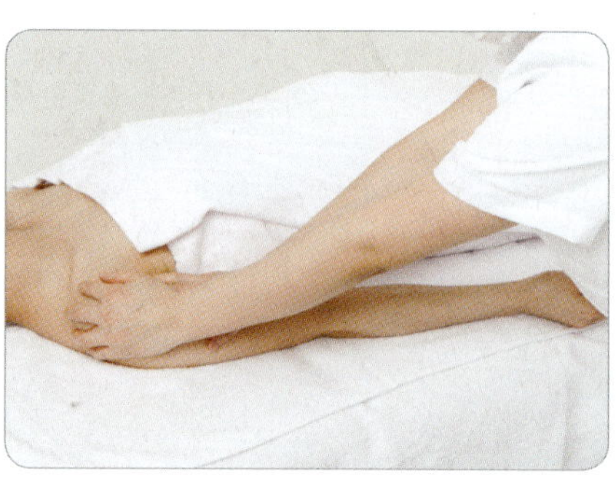
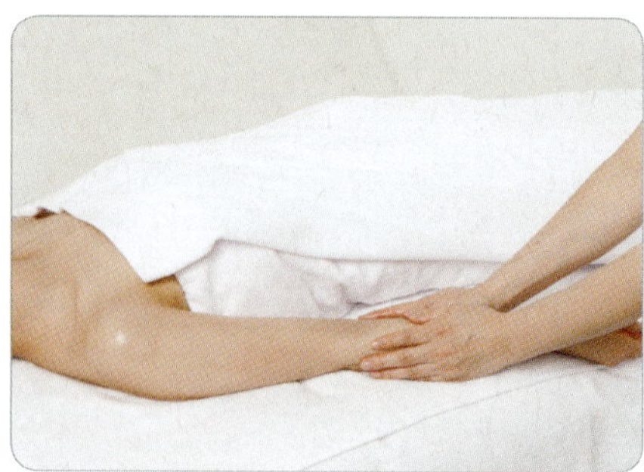

3 매뉴얼 테크닉

1 손 소독

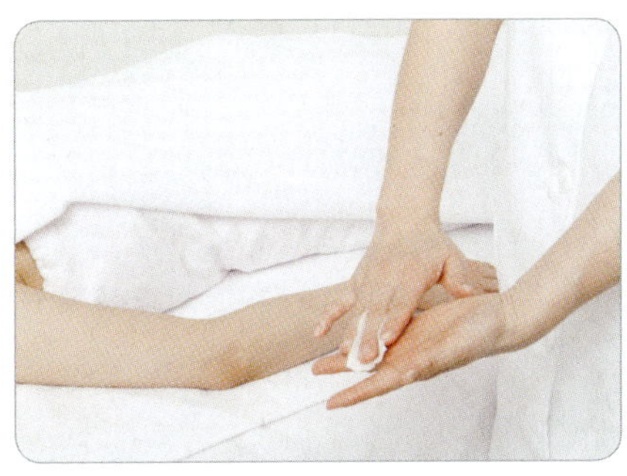

2 토너 정리

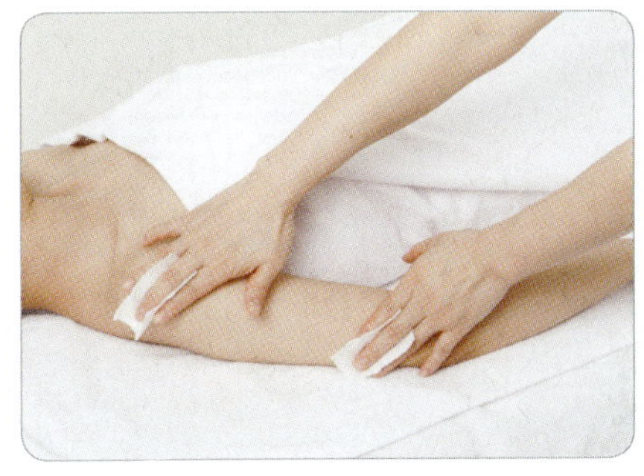

3 오일 도포

- 오일을 찍듯이 배분하고 쓰다듬어 도
  포한다.

4　손등 전체 쓰다듬는다.

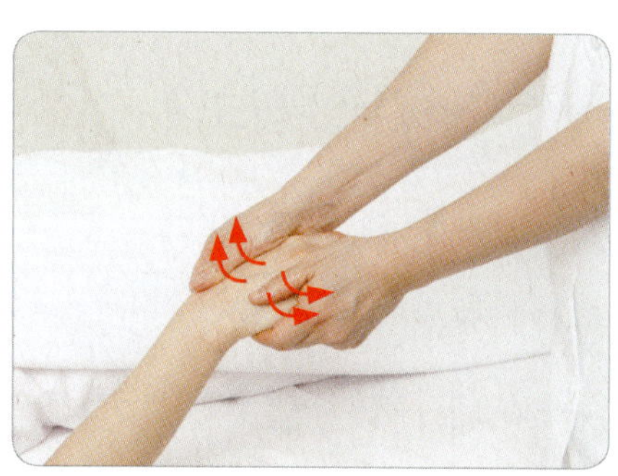

5　손가락 하나씩 엄지로 굴려준다.

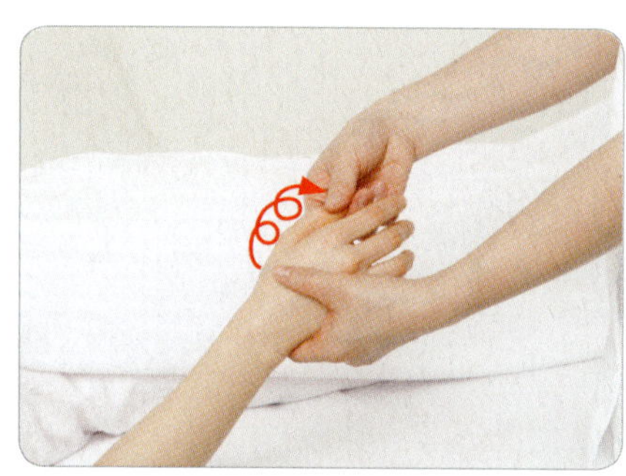

6　중수골 사이사이 내려준다.

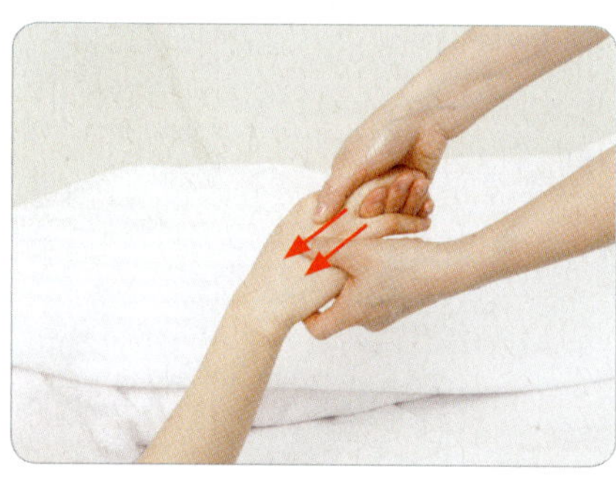

7　손바닥으로 뒤집어 엄지로 원을 그린다.

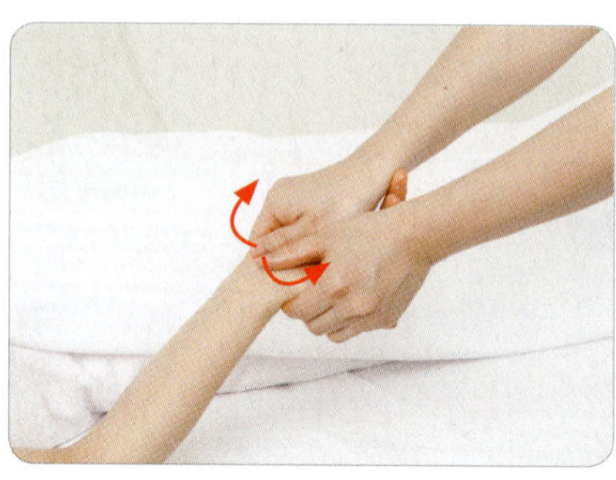

8 손바닥에 엑스(X)자를 그린다.

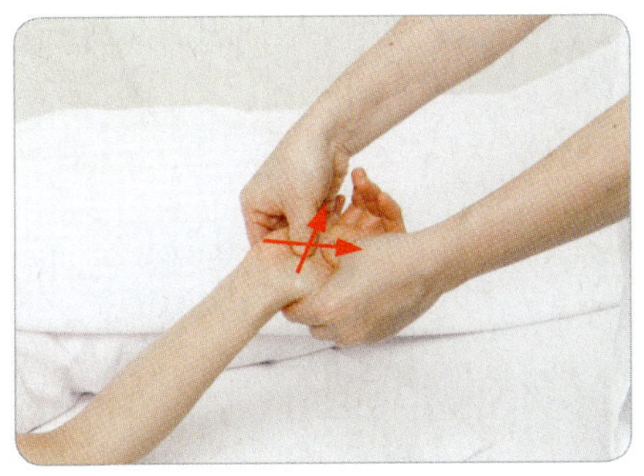

9 손바닥에 원을 그린다.

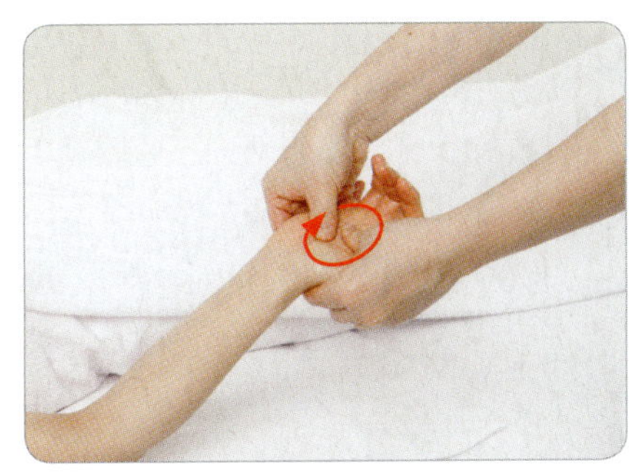

10 손잡고 전완을 쓰다듬는다.

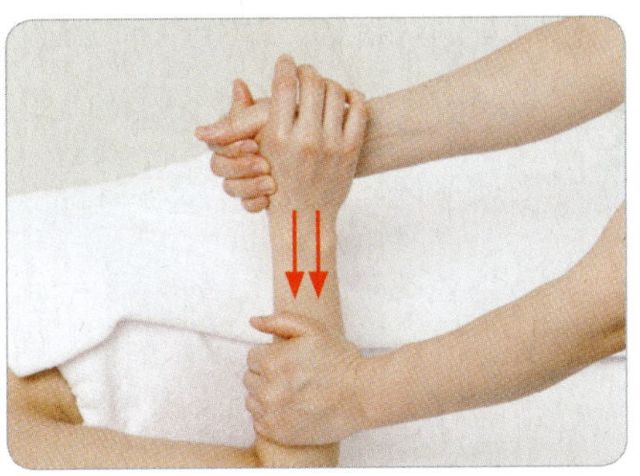

11 엄지손으로 하트 모양으로 굴려준다.

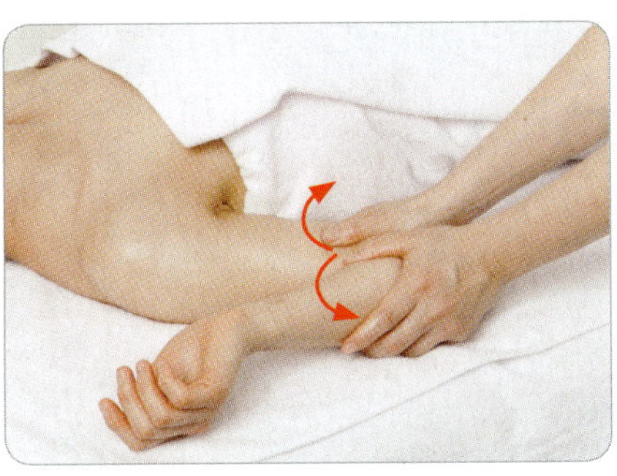

12 상완, 전완 손바닥으로 굴려준다.

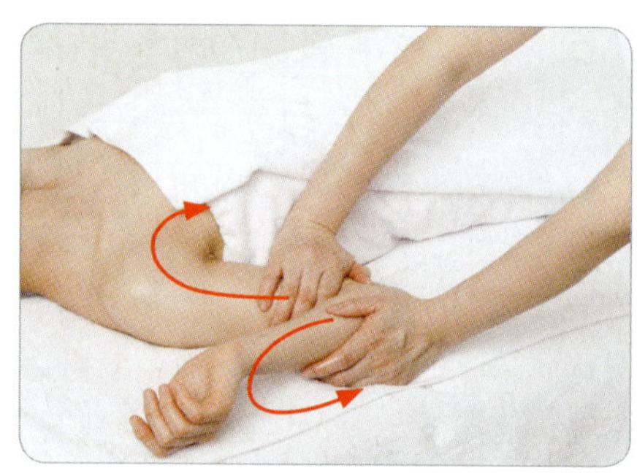

13 상완, 전완 손바닥으로 쓸어준다.

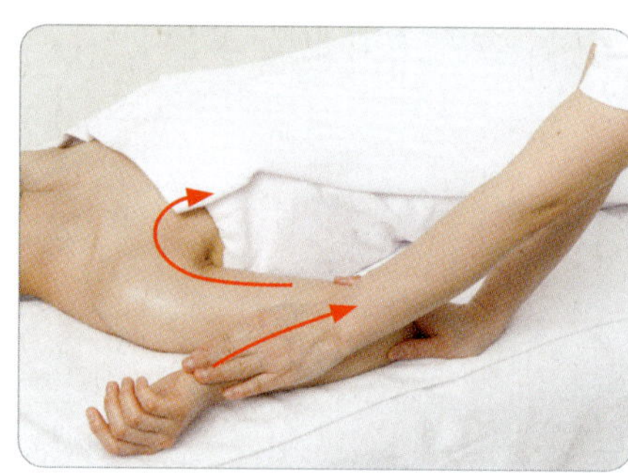

14 팔 내려놓고 엄지로 원 그리면서
올라갔다가 어깨 감싸며 내려온다.
(2군데)

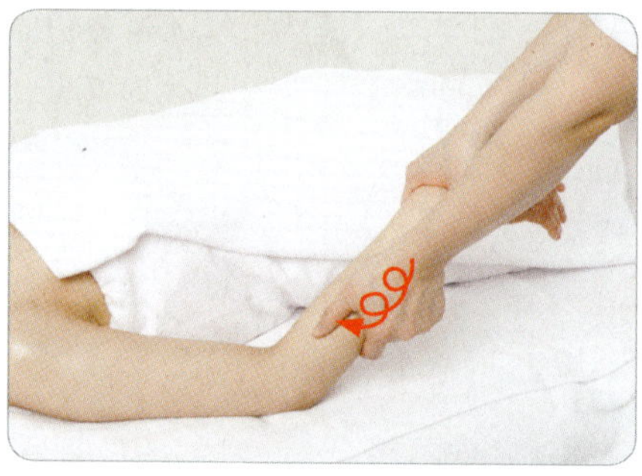

15 손바닥으로 원을 그려 올라 갔다 내려온
다.

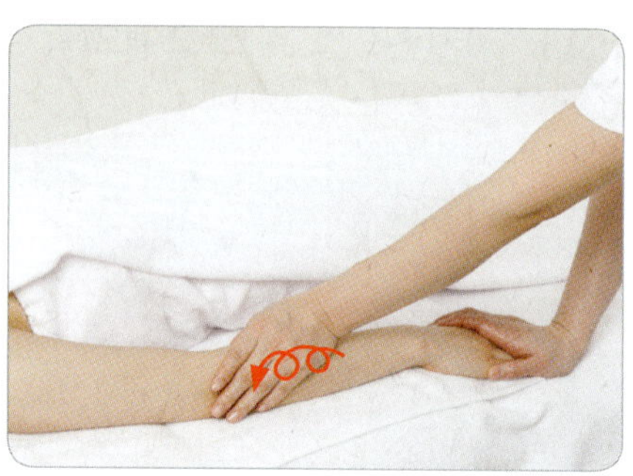

16 손을 합쳐 손끝으로 원을 그려 올라갔다
내려온다.

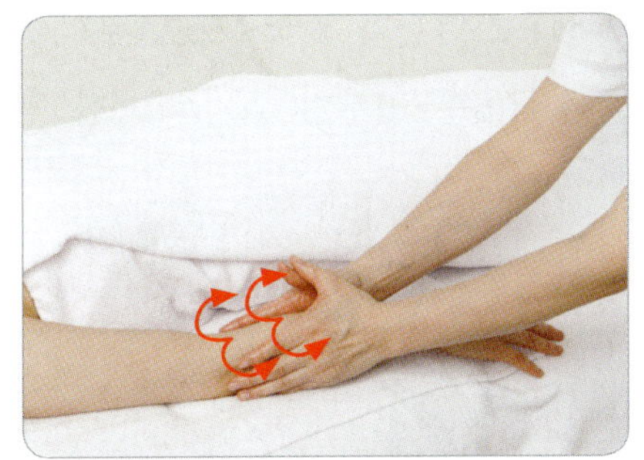

17 꽈배기 동작을 해준다. (2회정도)

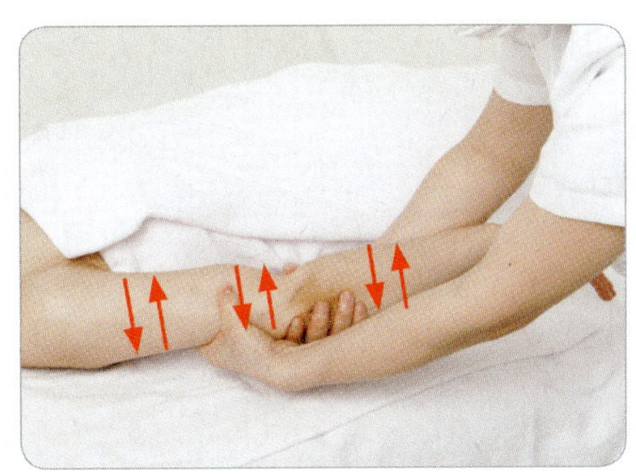

18 양손으로 반죽하기 동작을 해준다.

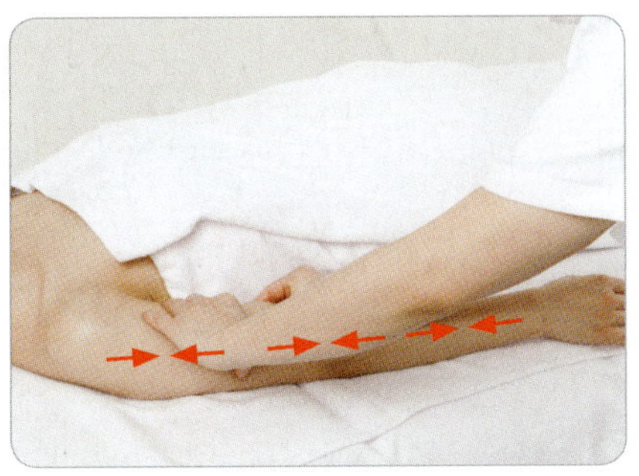

19 팔에 양손을 대고 진동법으로 올라갔다
내려온다.

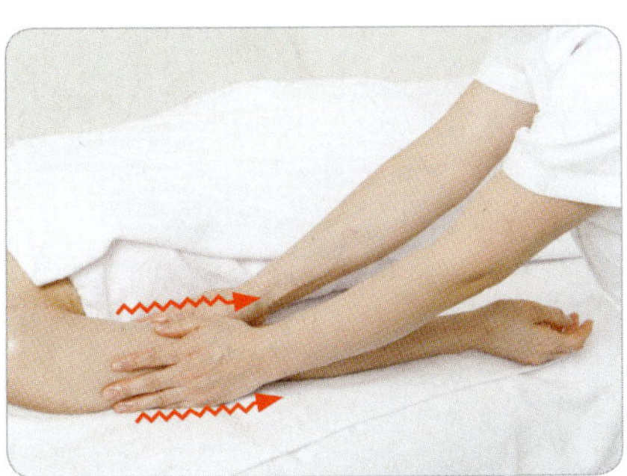

20 쓰다듬기 동작으로 마무리 한다.

(6분~6분 30초가 되게함)

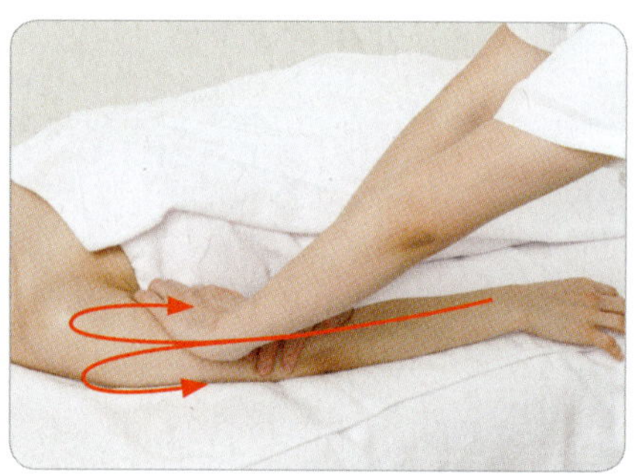

 마무리 후 오일이 남아 있으면 안되므로 온습포 시 깨끗이 닦 아줍니다.

4 온습포

1 습포를 세로로 펴서 팔을 덮고 지긋이 스
트레칭한다.

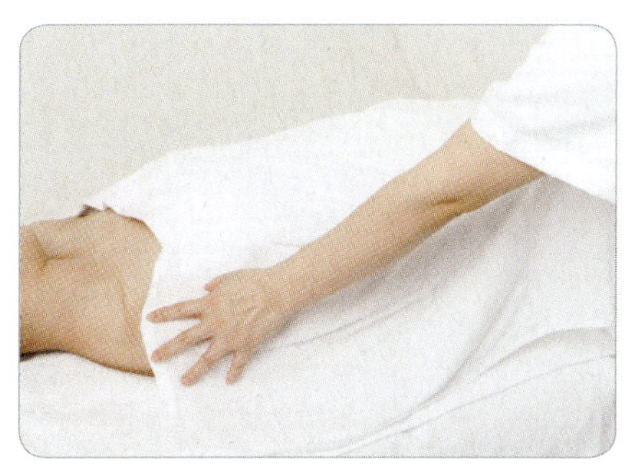

2 팔 전체를 꼼꼼히 닦는다.

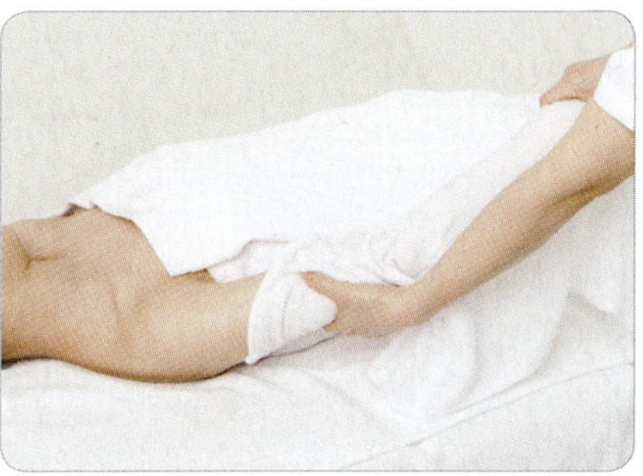

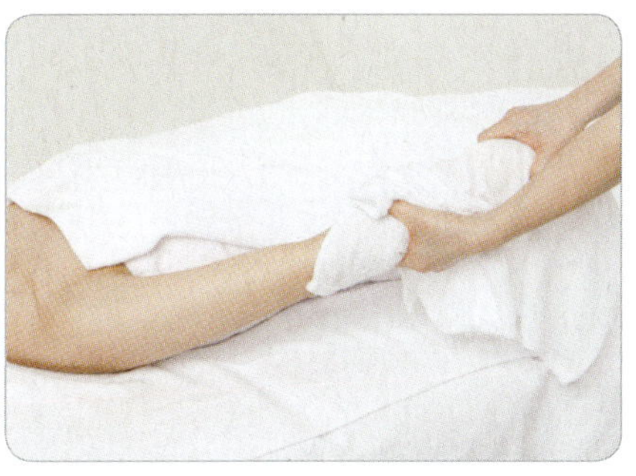

3 팔을 들어 팔 아래 부분을 닦는다.

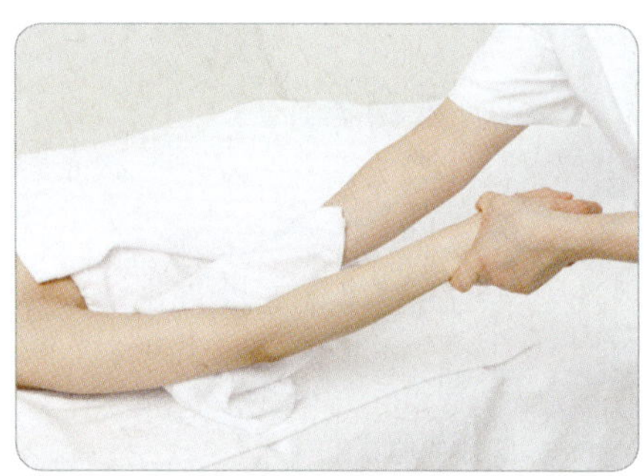

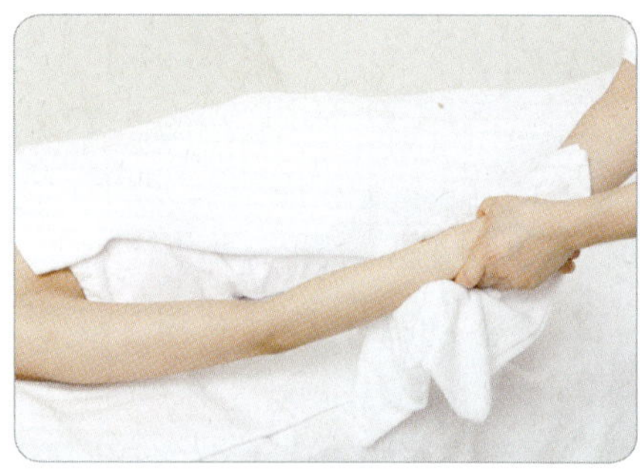

4 손 등과 손바닥, 손가락을 꼼꼼히 닦는다.

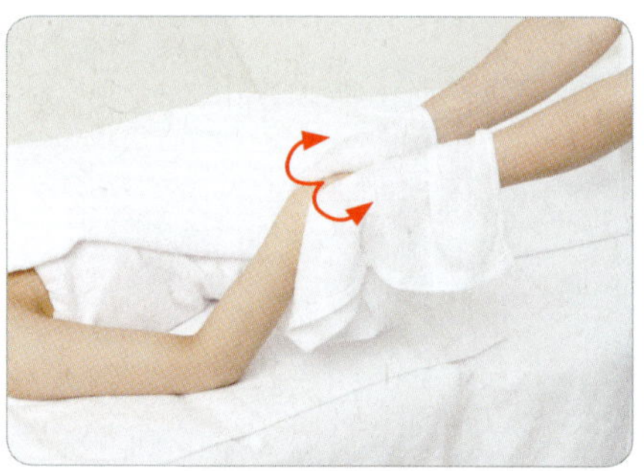

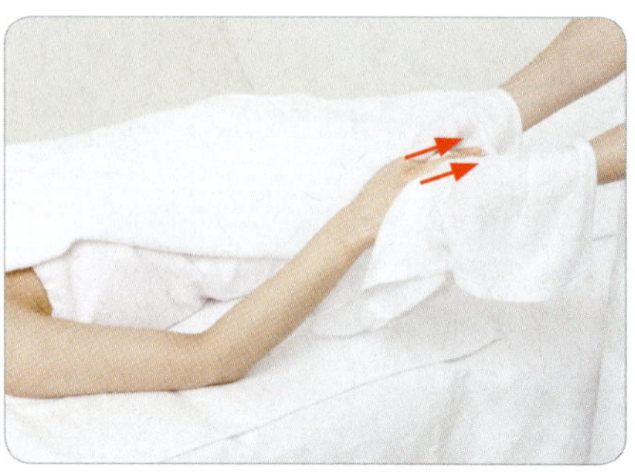

5 토너로 정리한다.

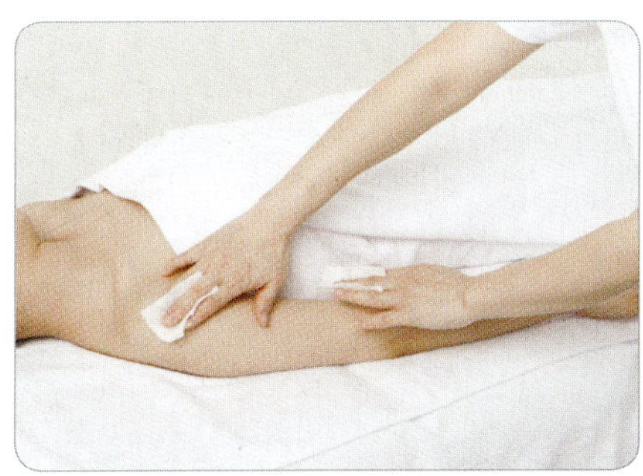 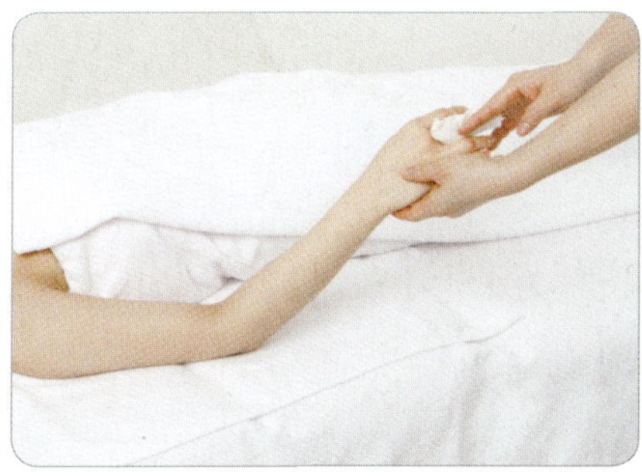

4. 다리 관리 – 작업 시간 15분

- 관리 범위 – 오른쪽 다리
- 팔 관리 이후 다리 관리 시작 지시하에 실시한다.

1. 관리 전 베드 셋팅

대타월을 서혜부까지 반듯하게 걷어 올리고 관리시 오일이 묻지 않도록 소타올을 대타올 위에 덧댄다.

2. 다리 관리 시술하기

1 클렌징

1 알코올 스프레이 또는 알콜솜을 이용하여 발등 → 발바닥 → 발가락을 소독한다.

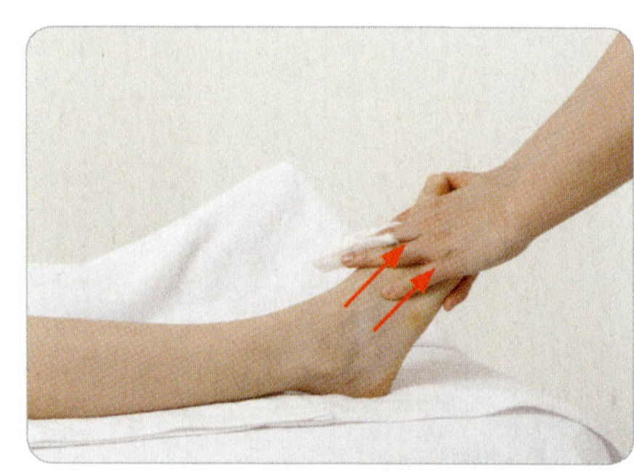

2 토너를 적신 큰 화장솜을 준비하여 중지
에 한장씩 끼운 후 허벅지 부위를 먼저
닦고 종아리 부위를 닦는다.

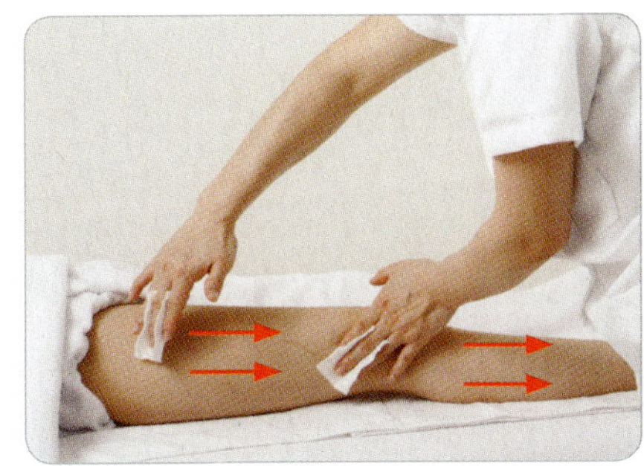

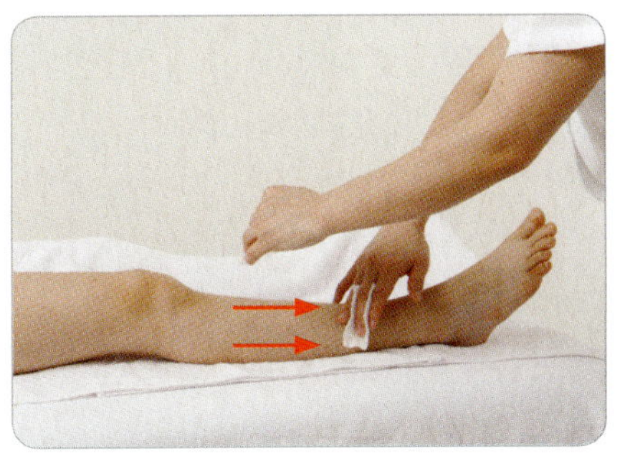

2 오일 도포

1 다리 전체에 오일을 찍듯이 바르고 쓰다듬듯 도포한다.

 도포시 오일이 밑으로 흘러 내리지 않도록 주의한다.

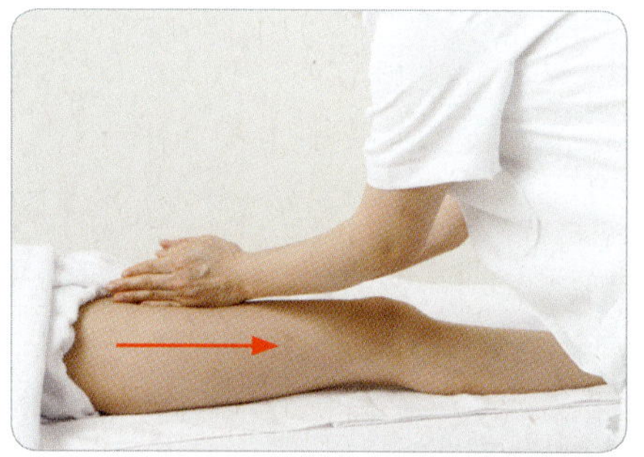

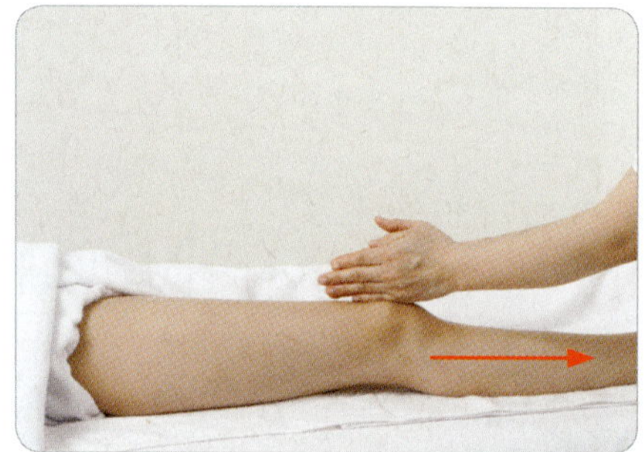

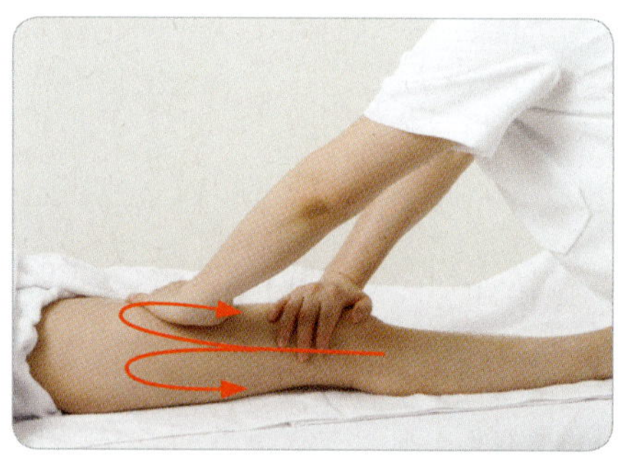

3 다리 매뉴얼 테크닉

1 양손목을 안으로 꺾어(시술자) 발목에서부터(모델의) 밀착 후 허벅지까지 밀어올려 다리 측면으로 내려온다.

- 한손씩 한손씩 쓰다듬기

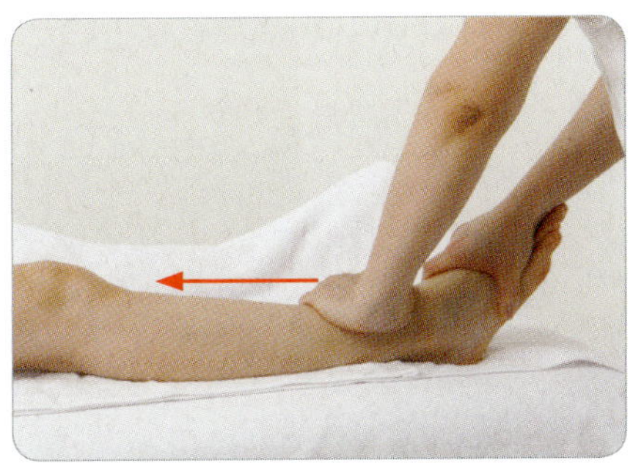 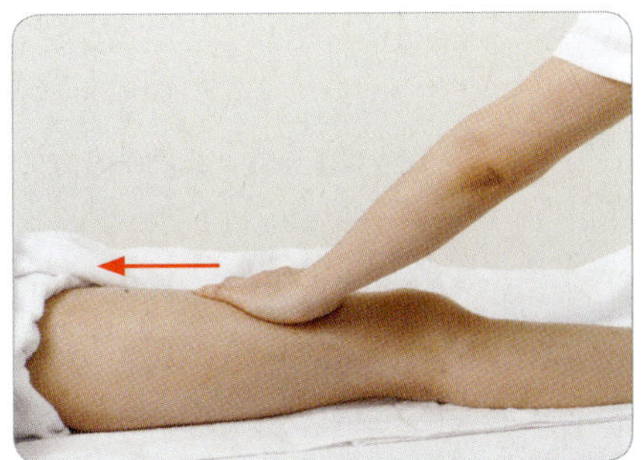
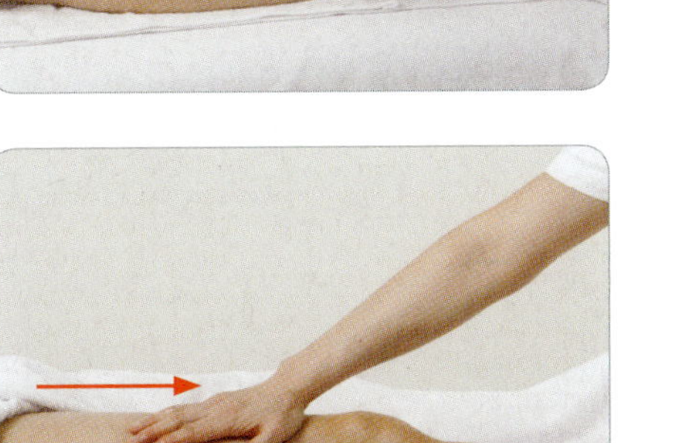 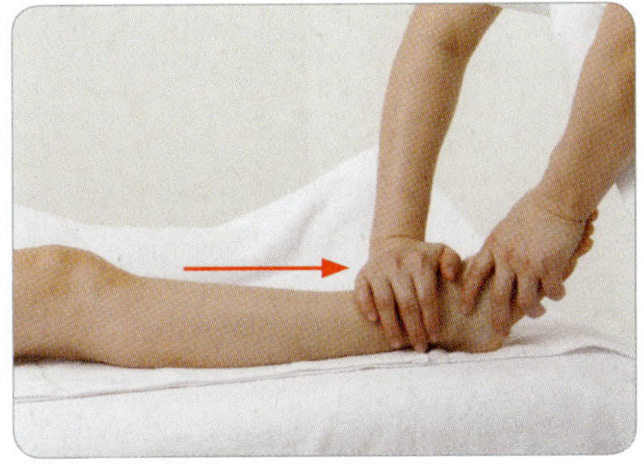

2 발마사지

1. 양손 전체로 발등과 발바닥에 한손씩
   대고 쓸어 내려준다.

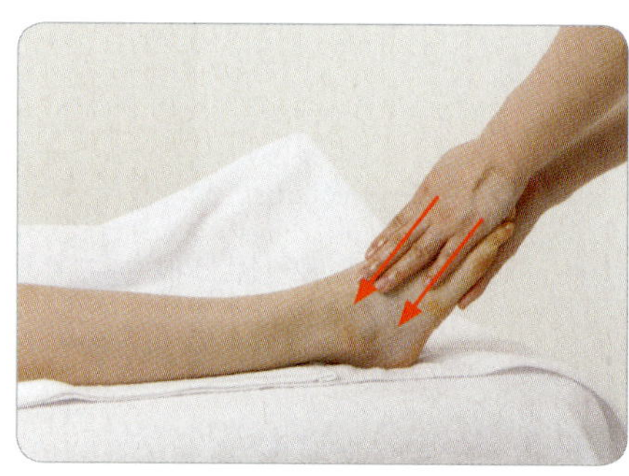

2. 발가락 하나하나 엄지로 굴려주기

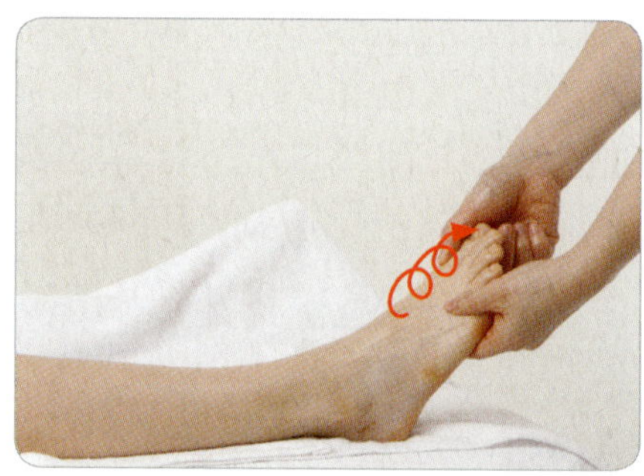

3. 중족골 사이사이 엄지로 내려주기

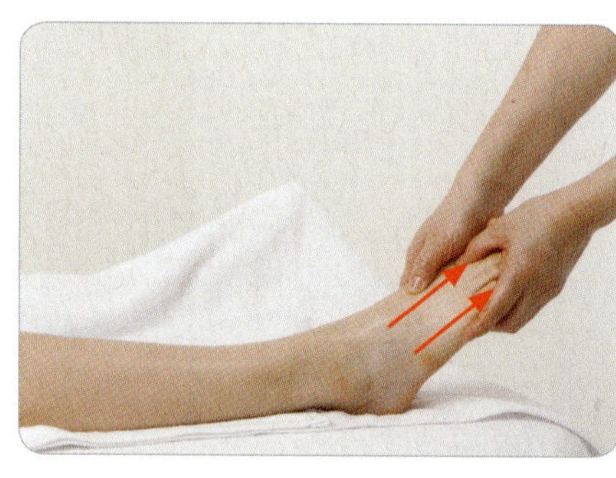

4. 발등 양엄지로 반원 교대로 그려
   주기

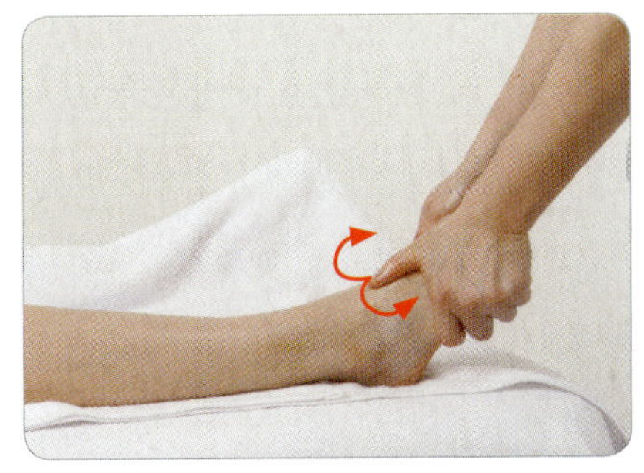

5. 양복사뼈 부위 중지, 약지 손가락
   으로 원 그리기

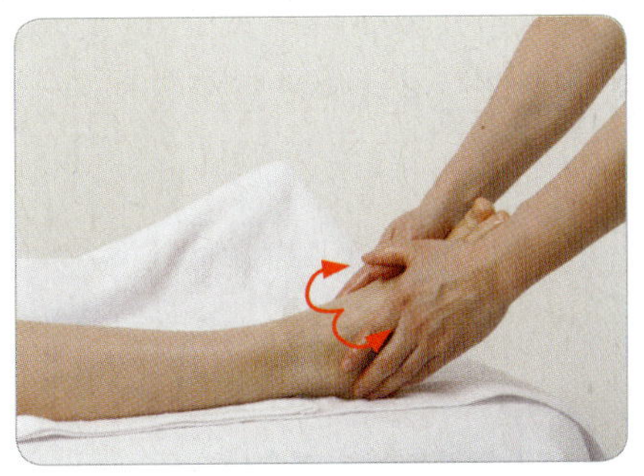

6 다리 전체 쓰다듬기 후 엄지로 원그리면
  서 올라갔다가 내려온다.

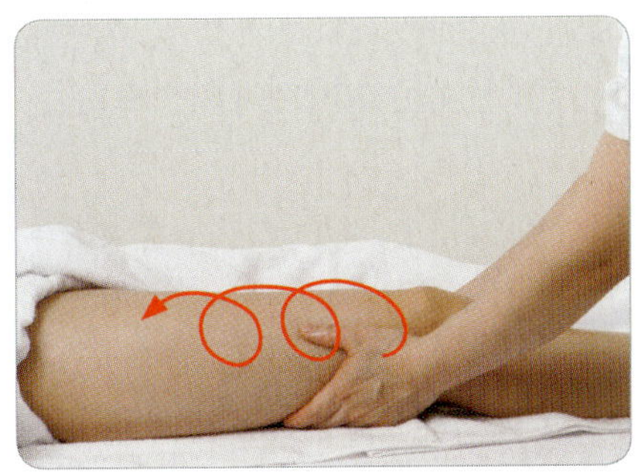

7 다리 전체 쓰다듬기 후 손바닥으로 원을
  그려 올라 갔다 내려온다.

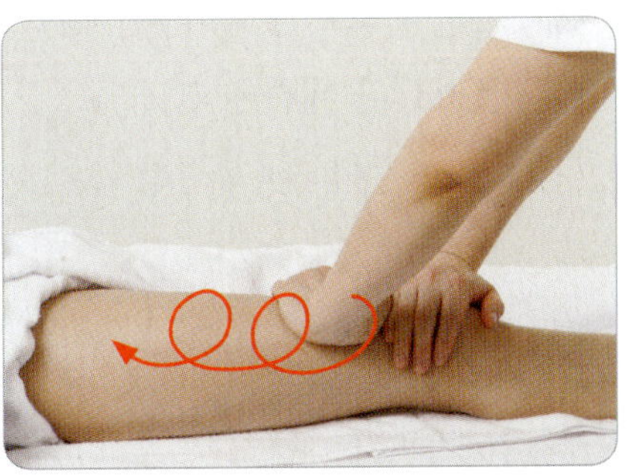

8 다리 전체 쓰다듬기 후 손을 합쳐 원을
그려 올라갔다 내려온다.

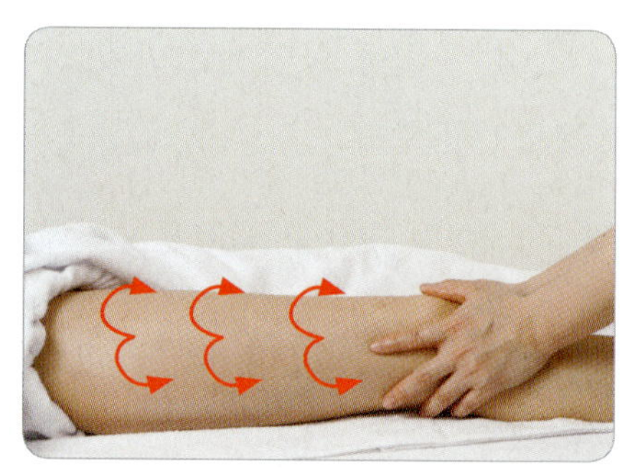

9 다리 전체 쓰다듬기 후 무릎을 세워준다.
(★연결 자연스럽게)

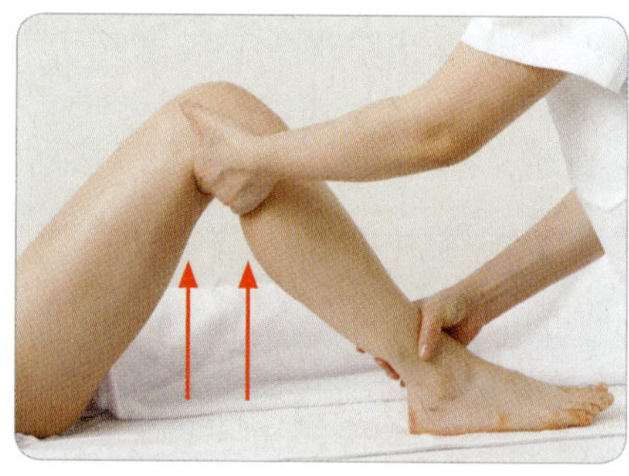

10 종아리 손바닥으로 쓰다듬는다.
(손 번갈아가며 4회정도)

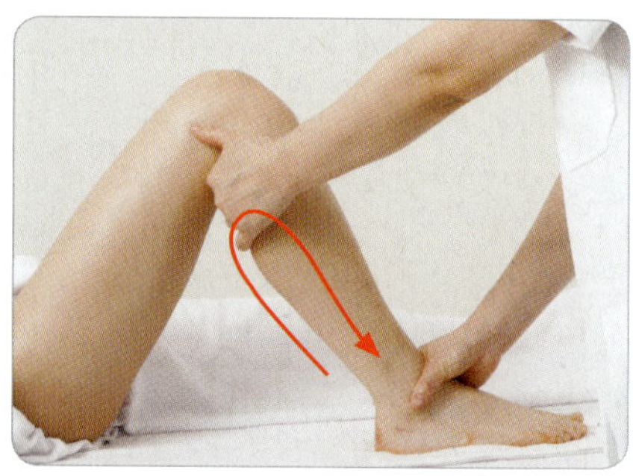

11 손바닥으로 종아리 나선형으로 원굴리듯
올라갔다 내려온다.
(손 번갈아가며 4회정도)

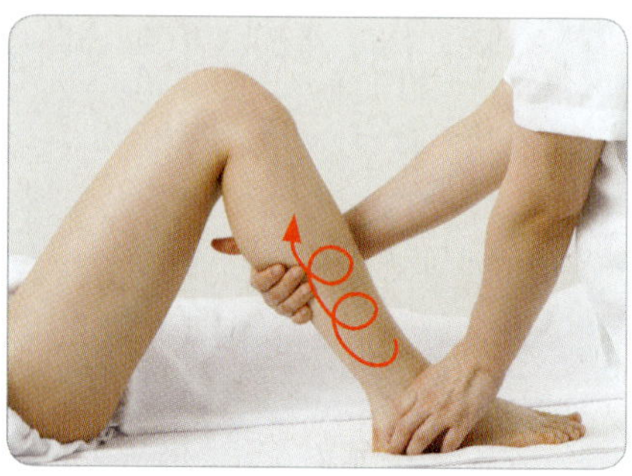

12 종아리 쓰다듬기 후 다리를 눕힌다.
(★연결 자연스럽게)

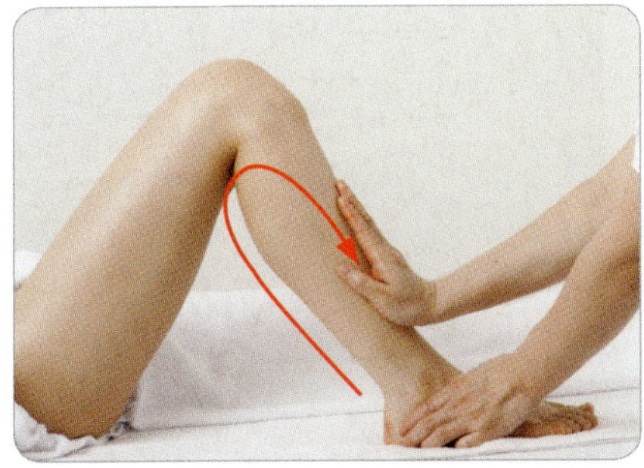

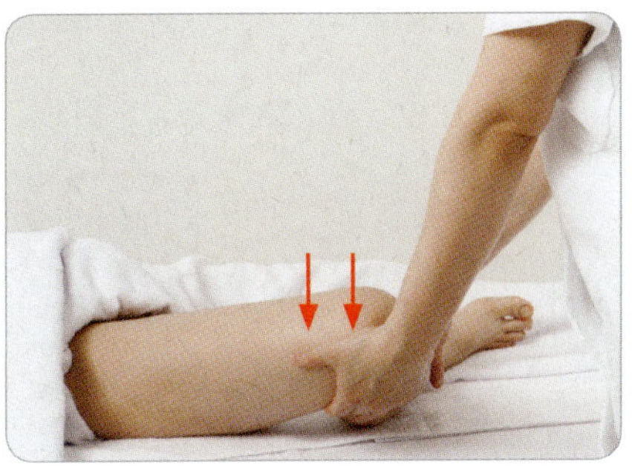

13 옆으로 쓰다듬기 후 종아리 반죽한다.

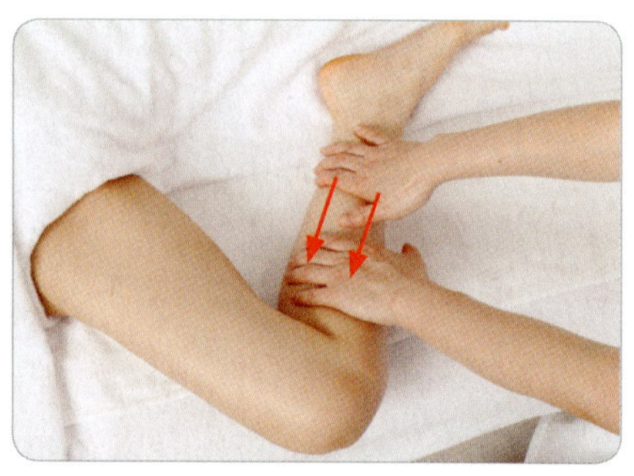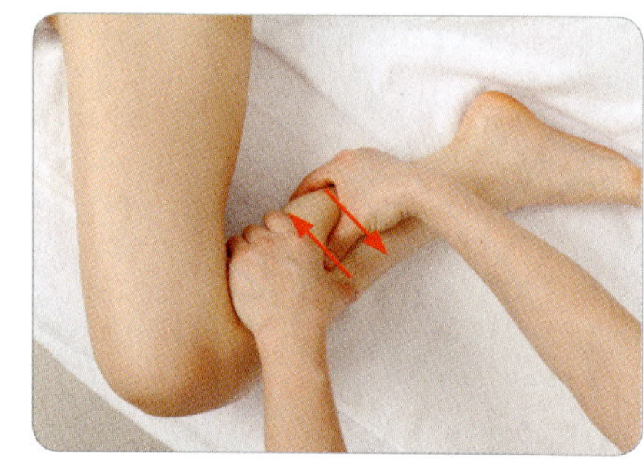

옆으로 쓰다듬기 후 대퇴부 골고루 반죽한다.

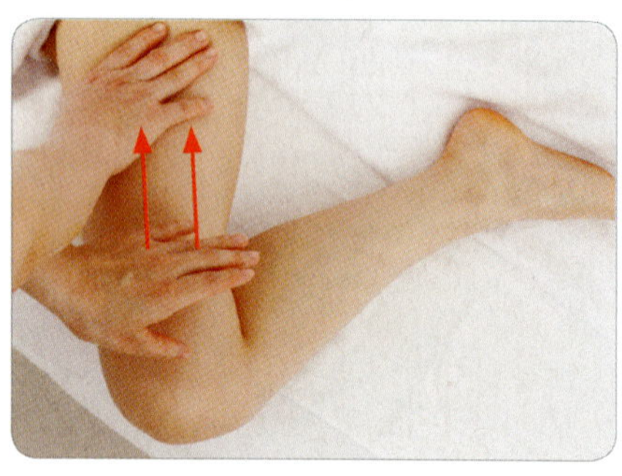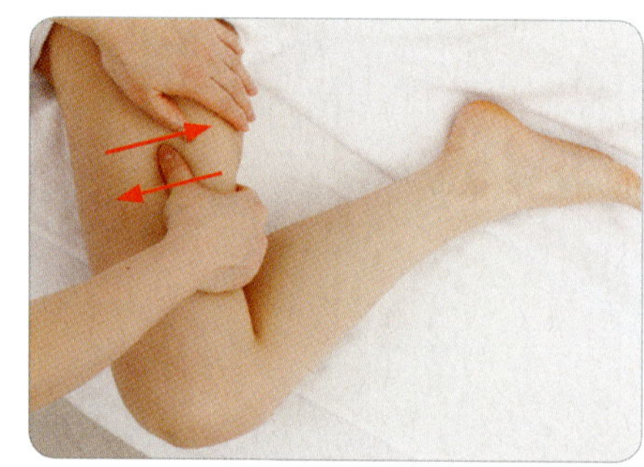

14 대퇴부 쓰다듬기 후 다리를 펴준다.

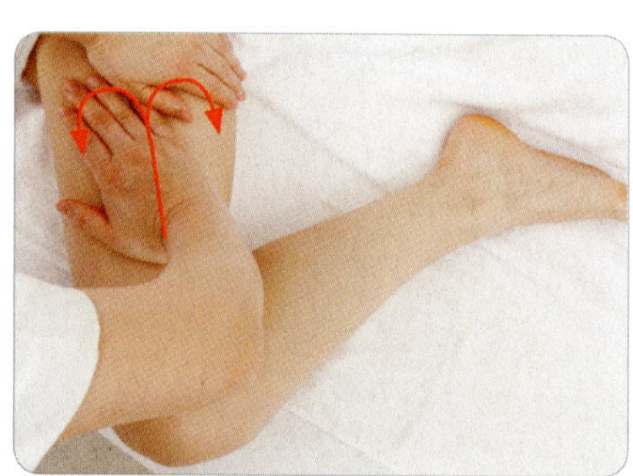

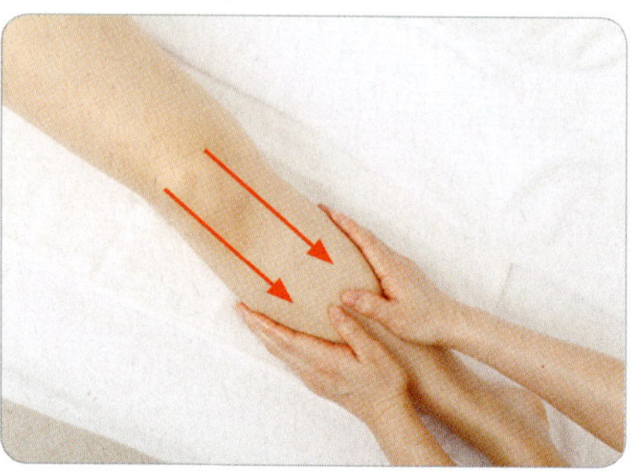

15 10분이 될 때까지 6~8번 동작을 반복한다.

16 쓰다듬기 후 진동한다. 2회

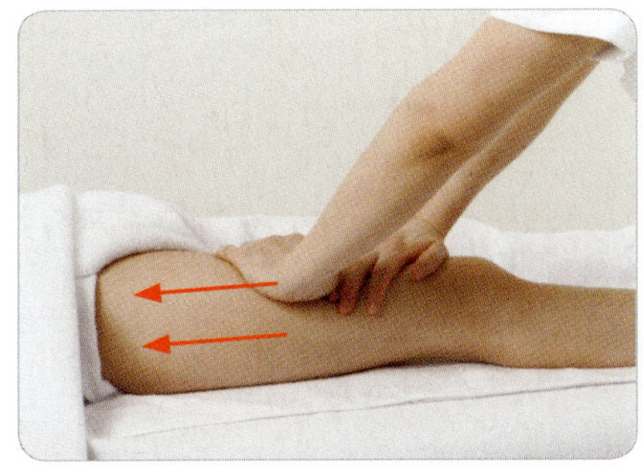

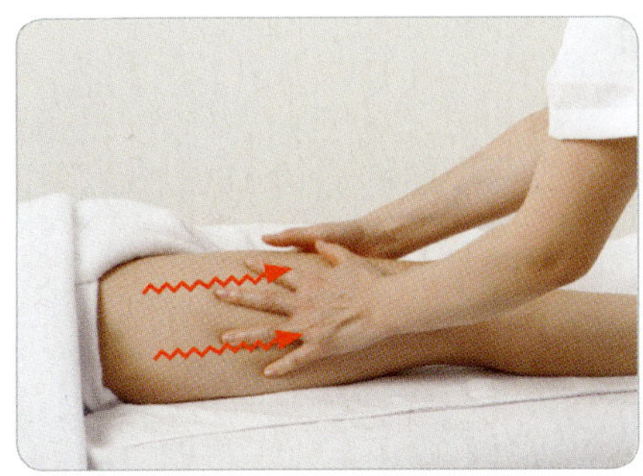

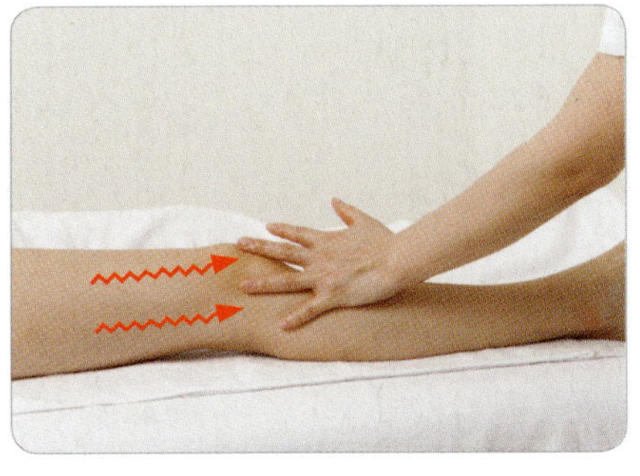

17 쓰다듬기로 마무리 한다.

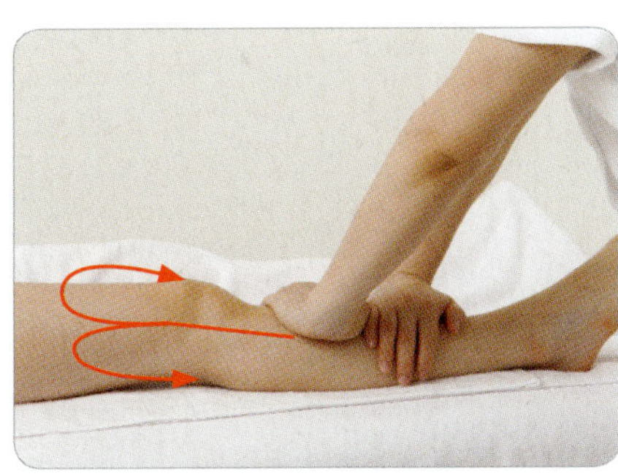

207

4 습포로 닦기

1 온습포로 다리 전체를 감싼다.

2 접으면서 닦아 내려간다.

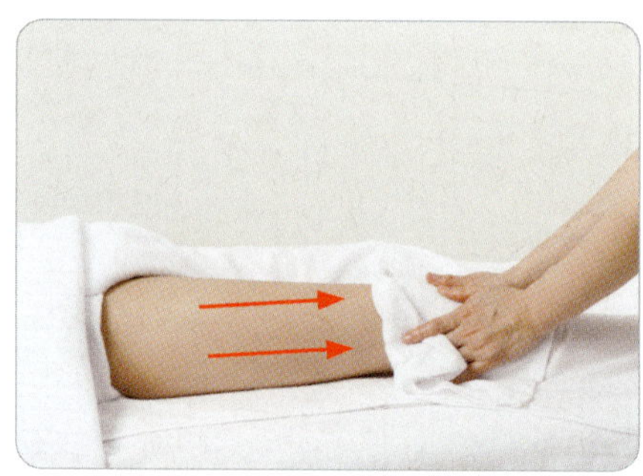

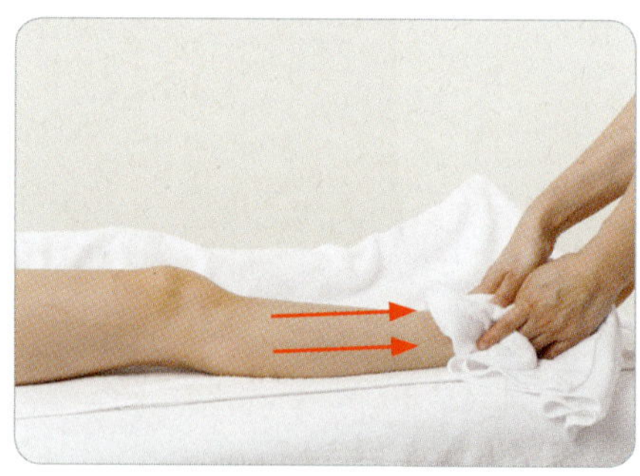

3 발을 감싸듯이 잡고 발끝으로 빼듯이 닦
는다.

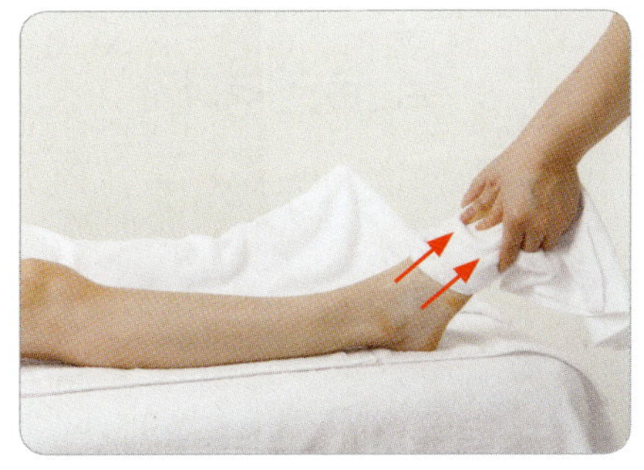

4 발가락 사이를 닦는다.

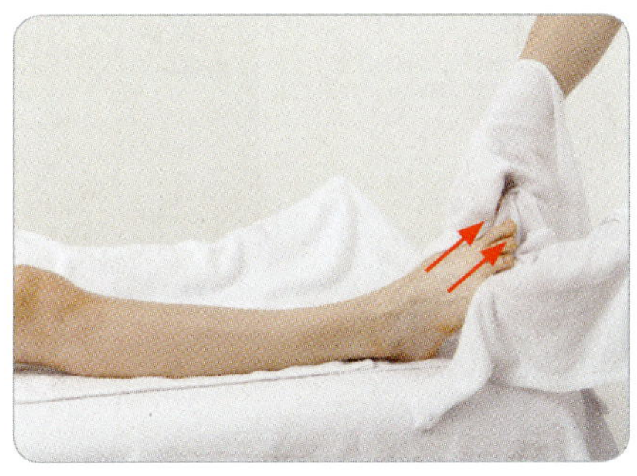

5 허벅지부터 발꿈치까지 다리 뒷면을 닦아
내려온다.

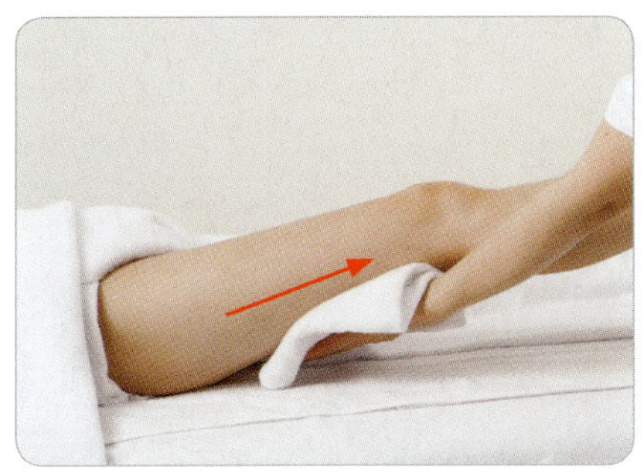

6 허벅지부터 발꿈치까지 다리 앞면을 닦아
내려온다.

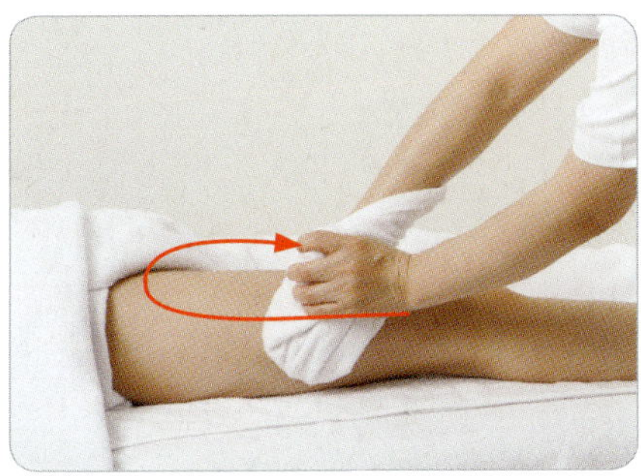

5 토너로 정리하기

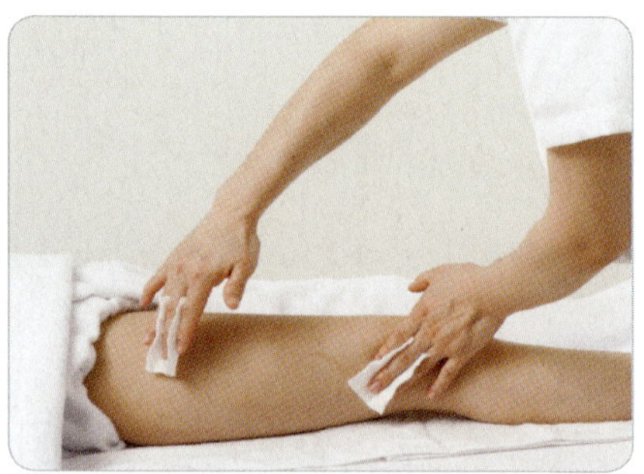
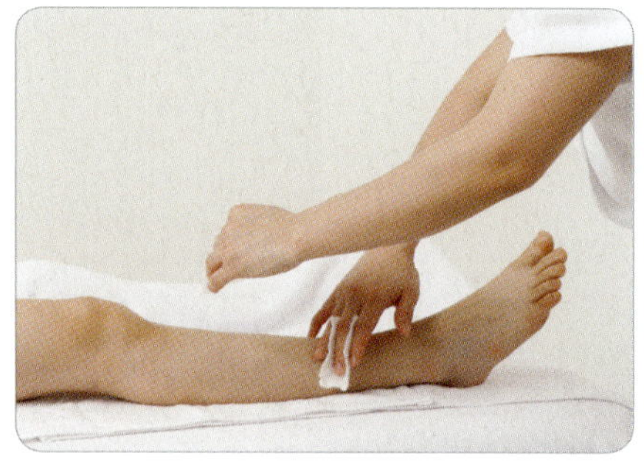

5. 제모하기 – 작업 시간 10분

- 오른쪽 다리가 원칙이나 체모가 없을 경우 왼쪽 다리를 시술해도 무방하다.
- 종아리 외측부위를 시술한다.

1. 준비하기

제모할 부위 밑에 키친타월을 깔아 왁스가 떨어질 것을 대비한다.

1 손 소독

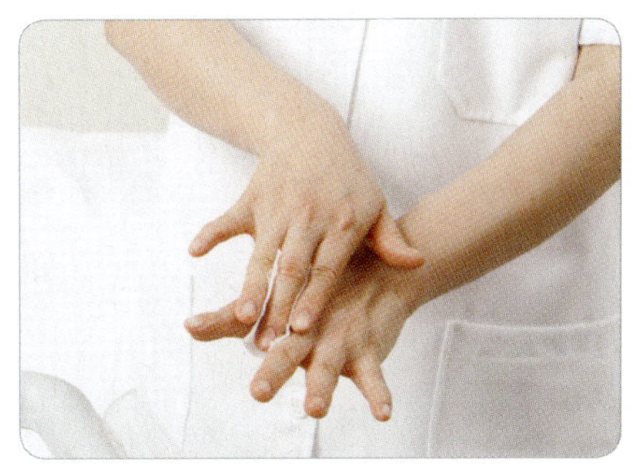

2 라텍스 장갑을 착용하고 장갑 위를 소독한다.

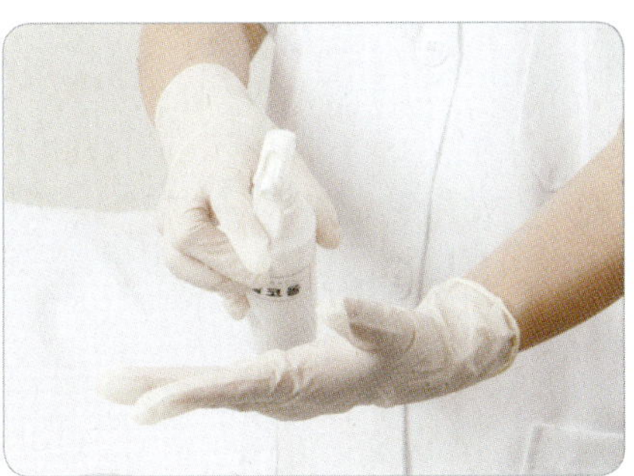

3 제모할 부위를 알콜솜으로 닦아 소독한
다.

 제모할 부위의 털이 너무 길 경우
1~1.5cm의 길이로 자른다.

- 미리 준비하여도 무방하며, 시험 중에
  는 필요시에만 한다.
- 체모 부위의 길이가 너무 짧으면 제모
  의 효과가 떨어진다.

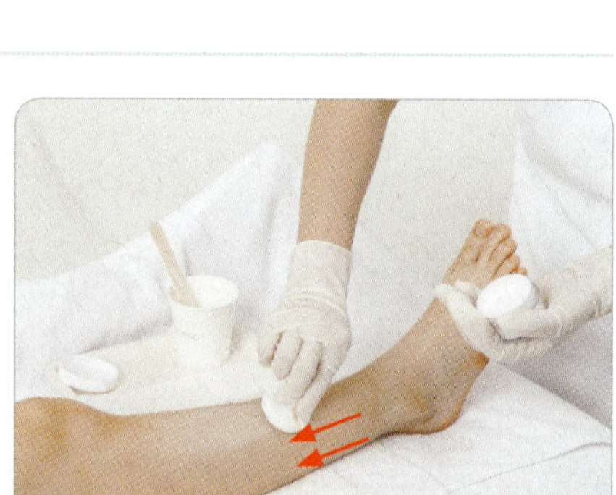

4 퍼프에 탈컴 파우더를 묻혀 털이 난 반
대 방향으로 충분히 도포한다.

5 준비한 종이컵과 스틱을 이용하여 온왁
스를 담아온다.

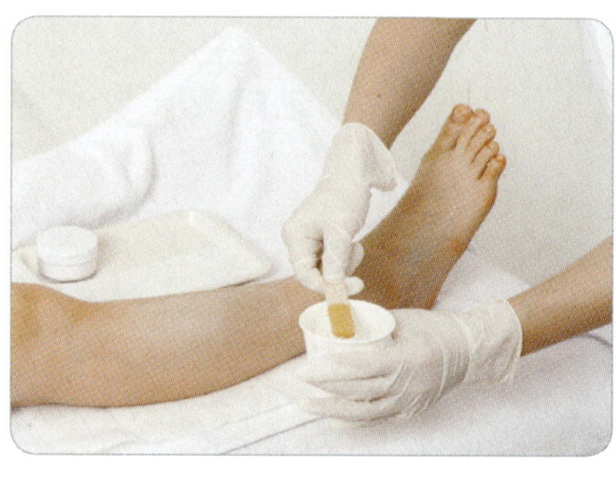

6 시술 전 반드시 팔 안쪽에 왁스 온도를 체크한다.

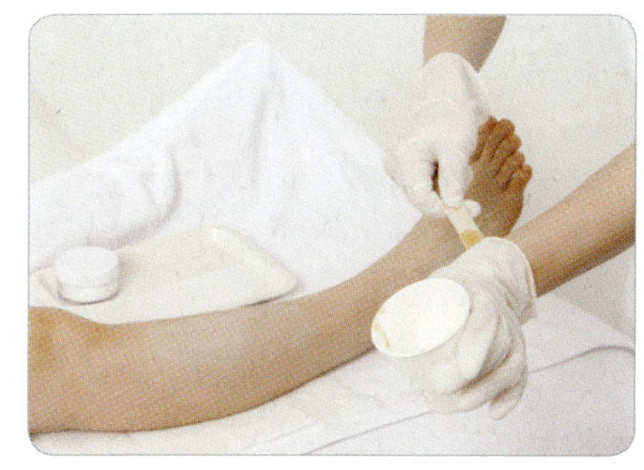

7 털이 난 방향으로 스틱을 세워 약 13cm 정도 길이로 얇고 고르게 펴 바른다.

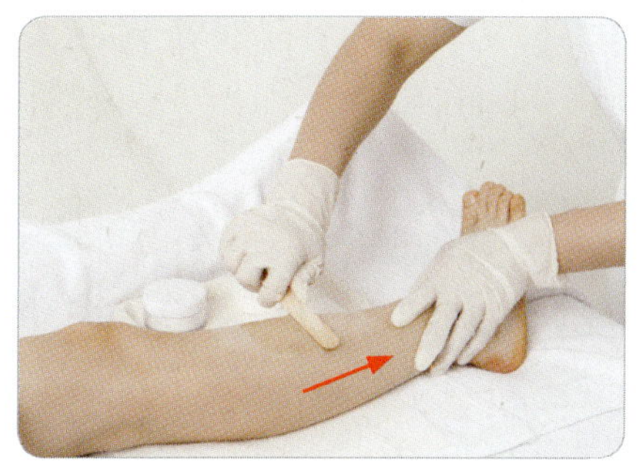

8 부직포 천을 댄 후 한 손은 부직포 끝을 고정하고 한 손은 털이 난 방향으로 쓸어 완전히 밀착시킨다.

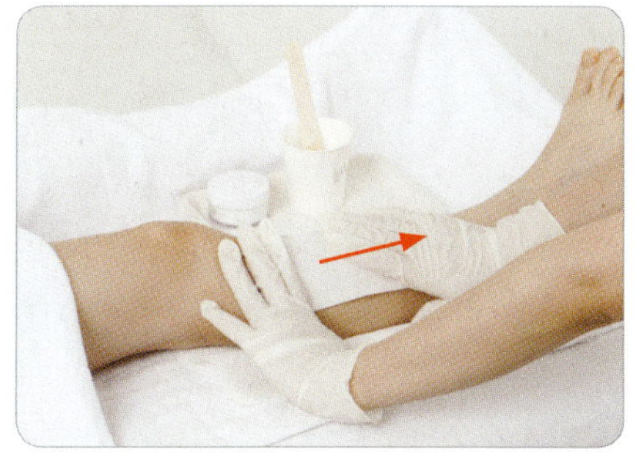

9 (감독관 지시하에) 한손은 텐션을 주어 다리 아랫부분을 잡고, 다른 한손은 부직포를 털이 난 반대 방향으로 재빠르게 떼어낸다

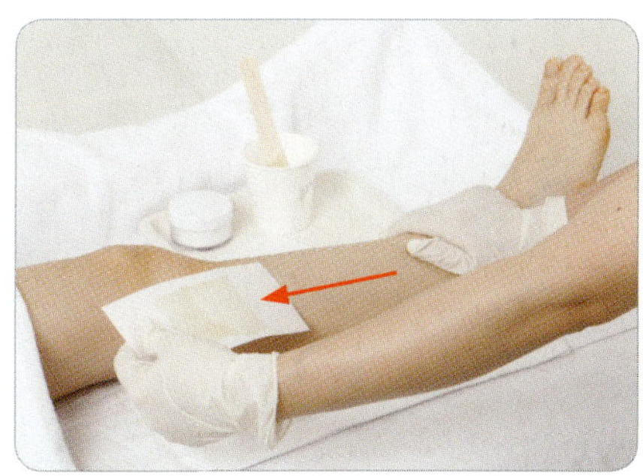

10 왁스 잔여물이 남아 있을 경우에는 다른 부직포를 이용하여 잔여 왁스를 눌러 떼어 낸다.

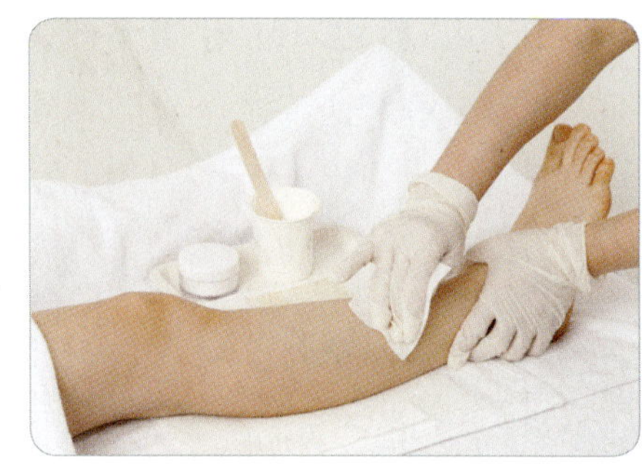

11 미처 제거되지 못한 털은 족집게로 뽑아 낸다.

12 진정 젤을 발라 자극 받은 피부를 진정시킨다.

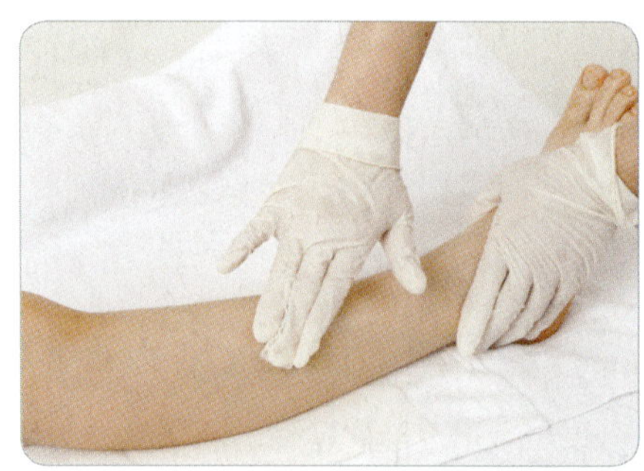

13 제모한 부직포 천은 감독관이 확인을 끝낸 후 휴지통에 버리도록 한다.

4 제3과제

1. 림프 드레나쥐의 정의 및 역사

림프 드레나쥐는 림프 배농, 림프 마사지, 림프 배액 등 다양한 용어로 불리고 있지만 림프부종 환자를 위한 치료 목적으로 처음 시도한 것은 벨기에 의사 보더(Vodder) 박사에 의해 림프 드레나쥐로 명명되어져 M.L.D란 단어가 국제적인 용어로 표준화되어 널리 통용되고 있다. 정체된 림프의 배출을 촉진하고 흐름을 원활하게 할 수 있도록 수기를 이용한 관리 방법으로 Manual Lymphatic Drainage를 줄여 약자로 M.L.D 라고 한다.

덴마크의 물리 치료사이며 마사지 테라피스트인 에밀 보더 (Emil Vodder 1896~1986) 는 1932년경 프랑스 깐느 지역에서 일하면서 만성감기, 여드름, 부비강염을 앓고 있는 환자들의 목 주변 림프절이 비대해져 있다는 것을 알게 되어 수기를 이용해 비대해져 있는 목을 심장 방향으로 가볍게 쓸어내리는 테크닉을 접목하여 환자들의 증상이 빠르게 호전되는 의외의 효과를 확인하였고, 거듭된 연구 결과로 프랑스 파리의 건강과 미용 박람회(1936년)에서 여드름 등에 대한 M.L.D의 임상 결과 발표로 많은 이들의 관심과 호응을 얻었으며, 독일의 요하네스 아스동(Johannes Asdonk)은 그의 병원에서 20,000명의 환자들에게 M.L.D의 효능을 확인시켰다. 현재 M.L.D 교육을 특화시킨 보더스쿨이 위치한 캐나다와 오스트리아를 중심으로 전 세계적으로 확장되어 활성화 되고 있다.

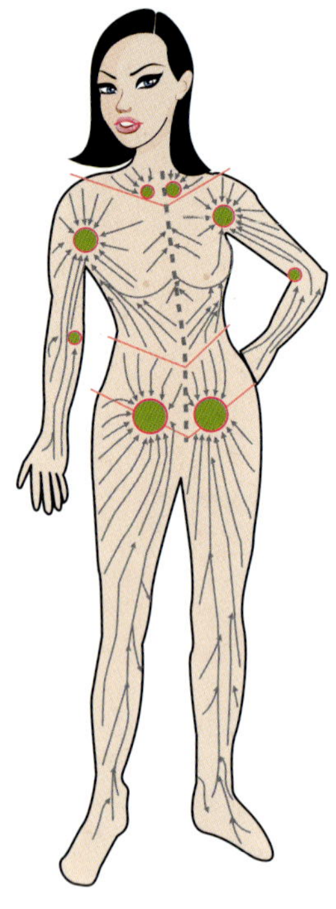

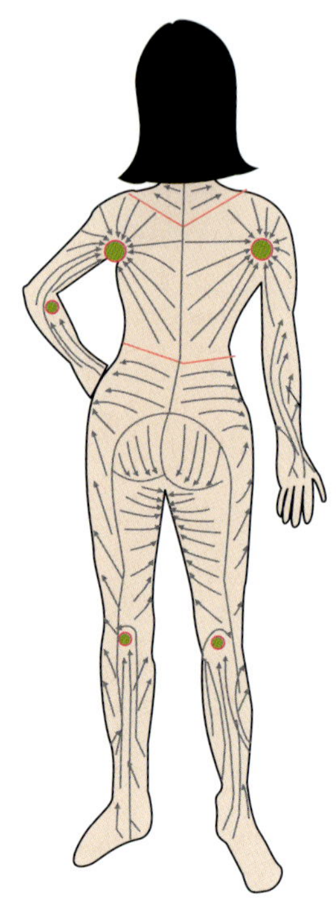

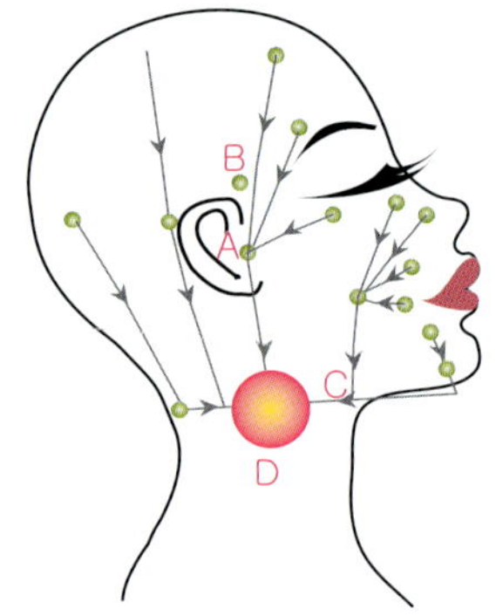

- A : 파로티스
- B : 템포라리스
- C : 앙글루스
- D : 프로펀더스

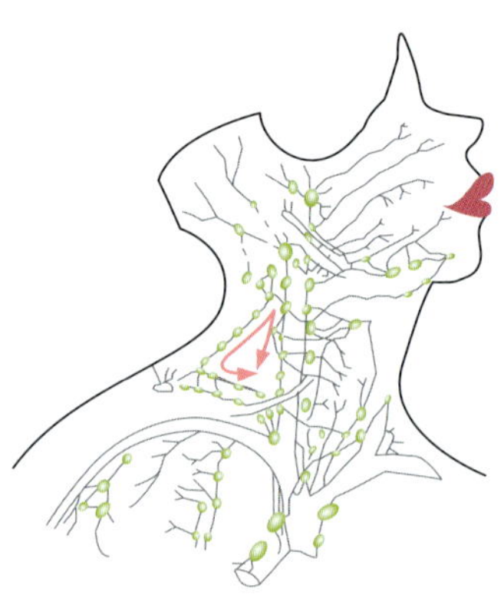

2. 림프계와 림프기관

통상적으로 동맥계를 제1순환계, 정맥계를 2순환계라 하고 림프계를 제3순환계라 한다. 그러나 림프계는 혈액순환계와는 달리 심장에서 연결된 혈관을 통해 물질이 이동하는 것이 아니라 조직 사이에 있는 모세림프관에서 전수집림프관을 거쳐 수집림프관, 림프본관, 림프절 등의 기관을 지나 좌·우 정맥각에서 심장으로 유입되는 혈관과 연결되어 심장으로 흘러간다. 이런 림프의 순환을 가리켜 림프계라 하고 편도(tonsils), 흉선(thymus), 비장(spleen), 유미조(cisterna chyli), 충수(appendix), 액와 림프절, 서혜 림프절 등을 림프기관이라고 한다. 통상적인 림프계의 기능은 외부의 균으로부터 인체를 보호하는 식균작용과 한 번 들어온 균은 기억하여 재차 균이 침범했을 때 방어하는 면역작용 등이 있다.

3. 림프계의 구성과 역할

림프계는 크게 3가지 주요소로 림프관, 림프절, 림프액으로 구성되어 있다.

1. 림프관

림프관의 위치는 근막과 피부사이에 위치하는 천부림프관, 근막아래 위치하는 심부림프관으로 나누어 볼 수 있다.

천부 림프관은 표피 아래에서부터 진피, 피하지방층, 근막위에 분포하며, 심부 림프관은 근막아래에 있는 근육, 건, 인대, 골격계 전반에 위치한다.

림프액이 흐르는 경로는 모세림프관에서 시작하여 전수집 림프관, 수집 림프관, 림프절, 림프본관을 거쳐 양 정맥각에서 모여 심장으로 유입된다.

2. 림프절

모세림프관을 통해 유입된 림프액은 심장으로 이동하면서 림프관을 따라 위치한 림프절을 지나게 된다. 인체에는 약 500~1,500개의 림프절이 존재하며, 림프절은 2~25mm 정도의 크기로 강낭콩 모양을 띄고 있다. 특히 머리와 목 부분, 겨드랑이, 흉골, 복부, 서혜부에 밀집되어 있다. 림프절은 여과, 식균작용, 림프액 농축작용, 그리고 림프구 생산과 체액성 면역 기능을 수행한다.

3. 림프액

모세혈관을 타고 흐르던 혈장과 조직액 성분이 동맥압에 의해 모세혈관벽을 통과하며 그 중 일부가 모세림프관을 통해 유입되는데 이 액체를 림프액이라 한다. 혈액과 다른 점은 적혈구와 혈소판이 거의 존재하지 않기 때문에 맑고 투명한 노란빛을 띄며 점성이 낮다. 단, 소장의 림프액은 우윳빛을 띄는데 이는 소장에 있는 지방이 림프액에 섞여있기 때문이다.

이렇게 형성된 림프액은 말초의 모세림프관에서 시작하여 최종적으로 좌·우림프본관과 심장으로 유입되는 정맥이 만나는 부분인 정맥각(터미너스, terminus)을 거쳐 심장으로 유입된다.

림프액의 기능

1 림프절과 모세림프관이 조직 내외의 과도한 체액을 흡수하여 이동시킨다.

2 림프관의 기능적 수축 단위인 림판지온에 림프액이 증가하면 림프관을 수축시키는 신장수용기가 자극을 받아 연동운동이 일어나고 림프액은 다음 림판지온으로 이동하게 된다.

3 림프관의 연동운동을 통해 과도한 체액을 심장으로 이동시킨다.

4 림프액에는 사이토카인, 림프구, 대식세포와 같은 면역체계가 존재하여 외부 물질로부터 신체를 보호한다.

4. M.L.D의 적용대상

- 모세혈관 확장 피부
- 여드름 피부
- 가벼운 상처와 흉터가 있는 피부
- 알레르기 피부
- 민감, 예민성 피부
- 일부 또는 전신 부종
- 셀룰라이트 부위

5. M.L.D의 효과

- 스트레스 호르몬 감소
- 자율신경계의 정상 활동 활성화
- 신체 면역계 강화
- 근육의 긴장 완화 및 통증 감소
- 림프관의 기능 활성화로 인한 부종 감소
- 심리적 안정
- 체내 독소 배출

6. M.L.D를 적용하면 안 되는 경우

- 자율신경장애

- 심장과 관련한 부종, 심장 기능 부전

- 기관지 천식

- 급성 염증 혹은 만성 염증성 질환을 앓고 있는 경우

- 악성종양을 가지고 있는 경우

- 육아종

- 혈전증이 있는 경우

7. M.L.D 시술시 주의 사항

- 시술자는 손을 깨끗이 소독한다.
- 고객의 심신이완을 위하여 편안한 자세를 유도한다.
- 온도는 따뜻하게 하여 이완을 도와준다.
- 강도는 근육에 압력이 가해지지 않을 정도로 한다.
- 림프액이 흐르는 방향으로 연속적으로 진행한다.
- 소음이 없는 조용한 환경에서 시행한다.
- 약간 어두운 조명으로 편안한 실내 환경을 조성한다.
- 고객은 편안하게 눈을 감고 대화는 삼간다.
- 오일이나 크림의 사용은 시술시 손의 과도한 미끄러짐을 유발하므로 사용하지 않는다.
- 림프 흐름에 방해가 될 수 있는 헤어밴드나 지나치게 조이는 가운은 피한다.
- 시작과 마무리는 쓰다듬기 동작으로 한다.
- 정해진 시술 시각에 맞추어 마무리 한다.

8. M.L.D의 기본 동작

M.L.D의 기본 동작은 정지상태 원그리기, 펌핑기법, 퍼 올리기, 회전동작의 4가지로 구성된다.

1. 고정상태 원 그리기 동작

면적이 좁은 부위는 손가락 끝부분, 면적이 넓은 부위는 손바닥 전체를 사용하여 림프액이 흐르는 방향으로 피부의 신장(streching)을 이용하여 반원을 그리듯 가볍게 압(약 30~35mmHg)을 주어 림프액을 배농하고 힘을 빼서 제자리로 돌아오는 방법

2. 펌핑동작

손가락 끝에 압을 주지 않고 손가락 전체 또는 손바닥 전체를 관리 부위에 올려둔 채 손목스냅을 이용해서 가볍게 펌핑 해주는 방법

3. 퍼올리기 동작

손바닥이 위를 향하게 편 다음 관리 부위를 손바닥 위에 올려놓고 엄지를 제외한 나머지 손가락을 붙인 후 손목의 회전을 이용하여 림프배농 방향으로 쓸어 올리듯 하는 동작

4. 회전동작

면적이 넓은 관리부위에 실시하는 방법으로 손가락 전체를 이용해 피부를 신장시키면서 손바닥 전체를 피부에 밀착시키고 엄지손가락에 약간의 회전을 주어 옆으로 이동하는 방법

9. M.L.D 시술 방법 – 작업 시간 15분

1. 3과제 준비

1 터번을 풀어 준다.

2 손 소독

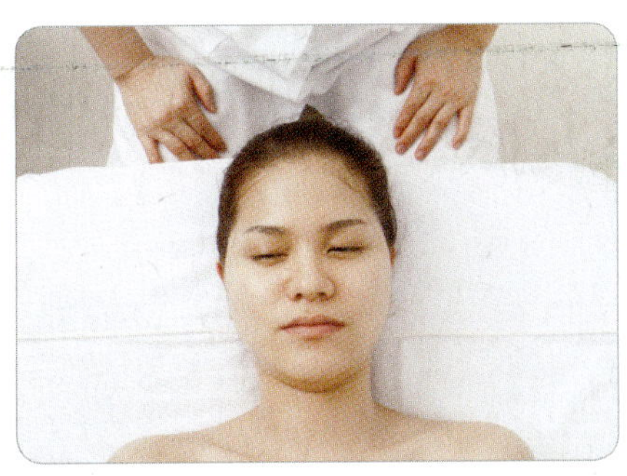

2. M.L.D 시술

- 터미누스는 쇄골뼈 안쪽면을 반으로 나눈 중간 지점에서 약 1.5cm 정도 바깥 방향에 위치한다.
- 고정원 그리기 동작방법은 압력 → 이완으로 정지된 림프절에서 실시한다.
- 압력은 30~40mm/Hg, 압력과 이완의 방향은 림프 흐름과 일치하여야 한다.

1 데콜테

1 테콜테 부위를 액와 방향으로 쓰다듬기
한다.

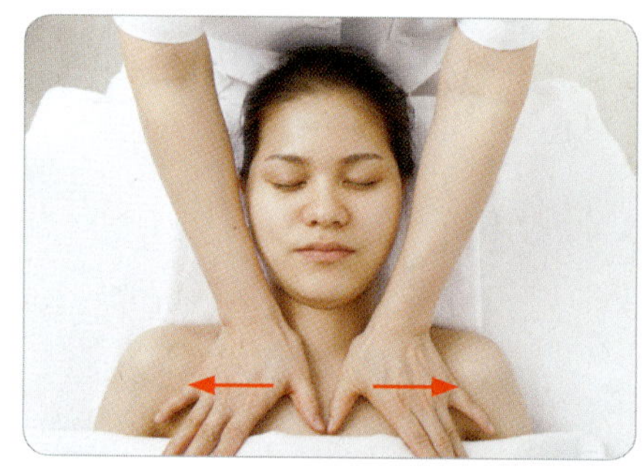

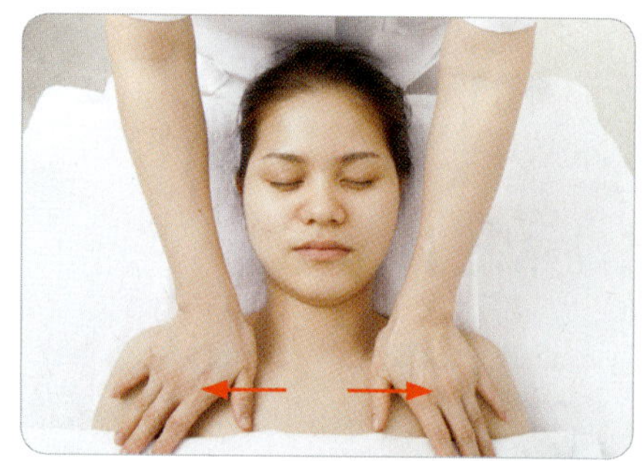

2 프로펀더스에서 고정원 그리기를 5회 한
다.

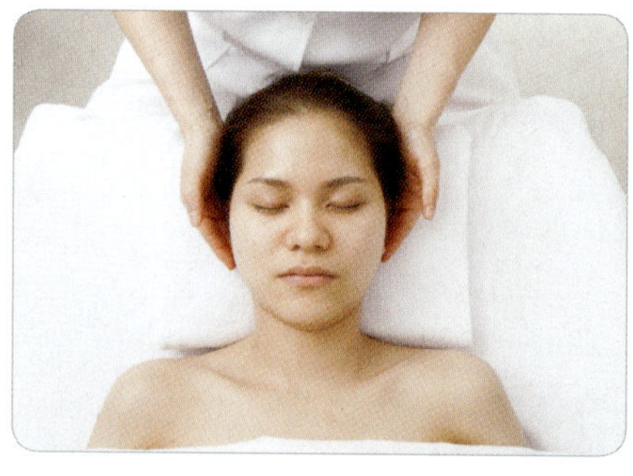

3　미들에서 고정원 그리기를 5회 한다.

4　터미누스에서 고정원 그리기를 5회 한
　다.

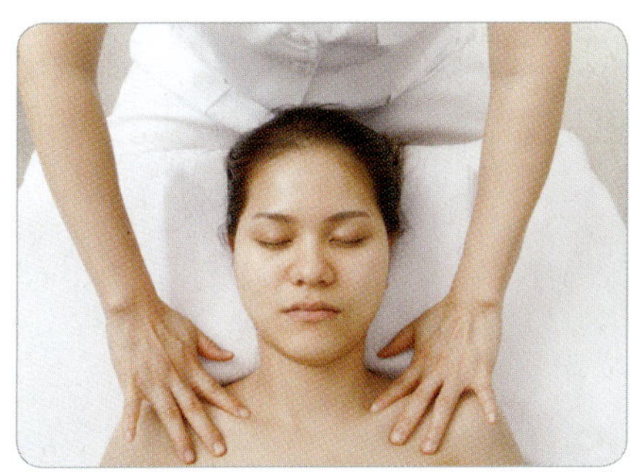

5　아래 턱에서 고정원 그리기를 5회 한다.

6　턱 라인 중간 지점에서 고정원 그리기를
　5회 한다.

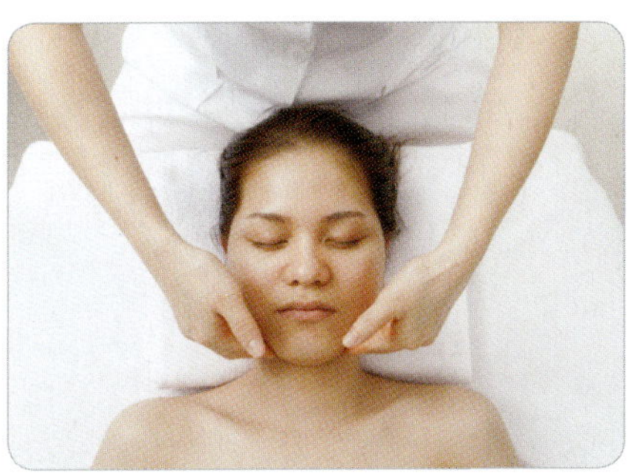

7 프로펀더스에서 고정원 그리기를 5회 한다.

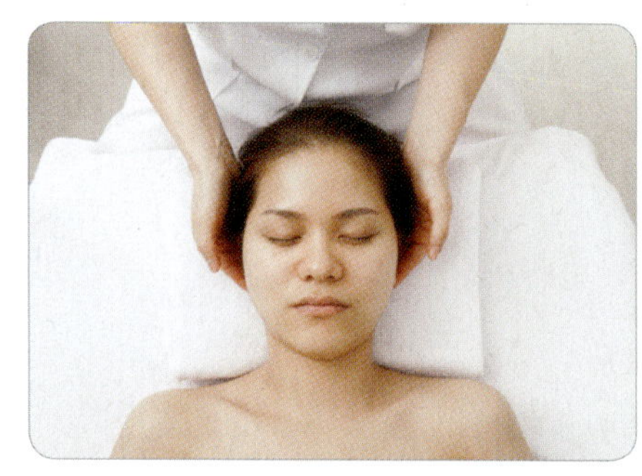

8 미들에서 고정원 그리기를 5회 한다.

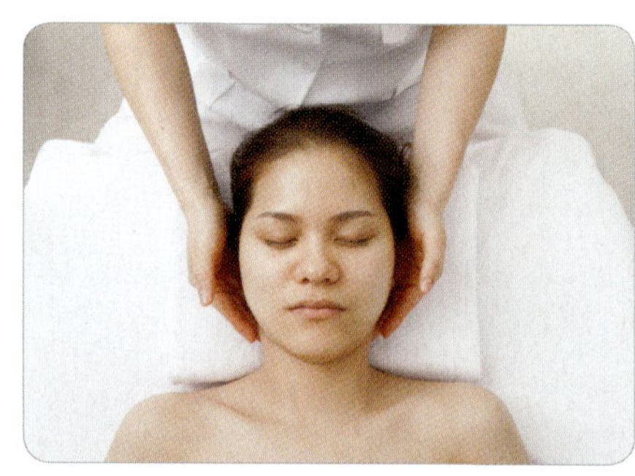

9 터미누스에서 고정원 그리기를 5회 한다.

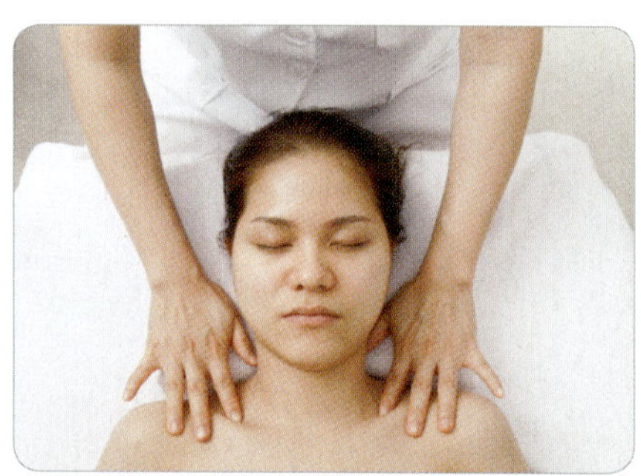

10 포크기법 : 검지와 중지 사이에 귀를 끼우고 고정원 그리기를 5회 한다.

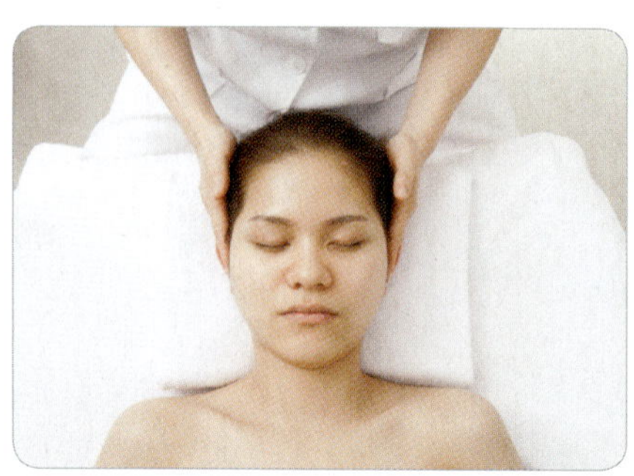

11 프로펀더스 → 미들 → 터미누스에서 고
정원 그리기를 5회씩 한다.

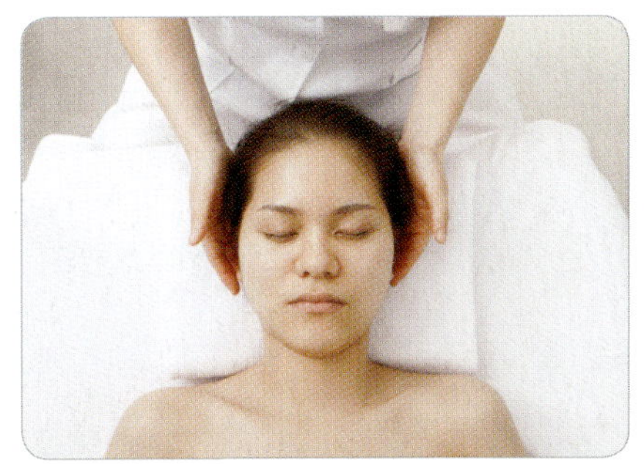

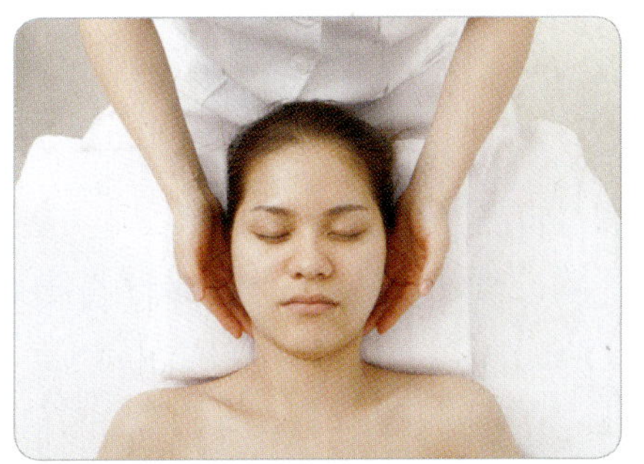

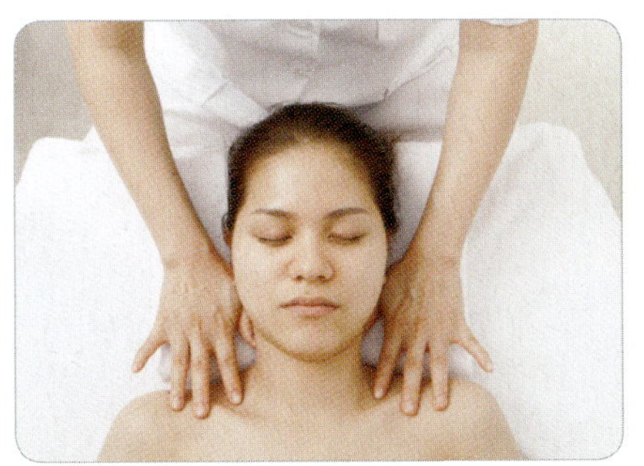

12 데콜테 부위를 쓰다듬기 한다.

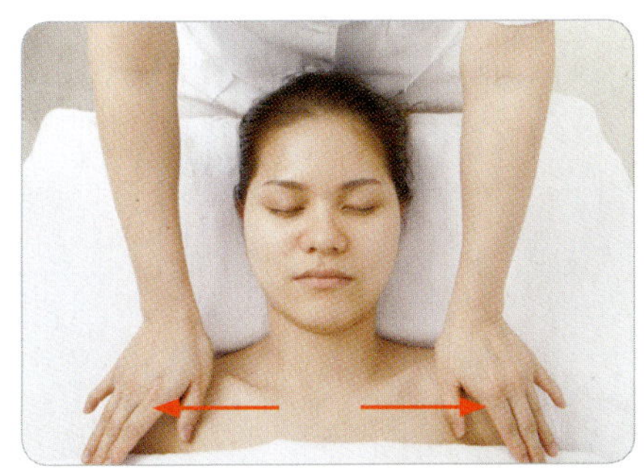

227

2 안면

1 아래턱에서 프로펀더스까지 쓰다듬기 한다.

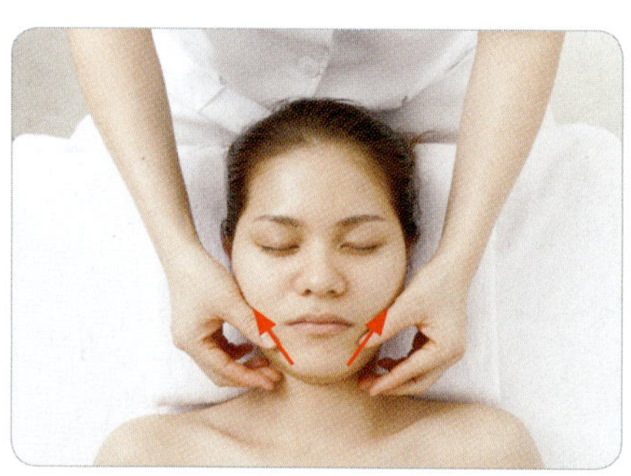

2 하악 전체를 프로펀더스 방향으로 쓰다듬기 한다.

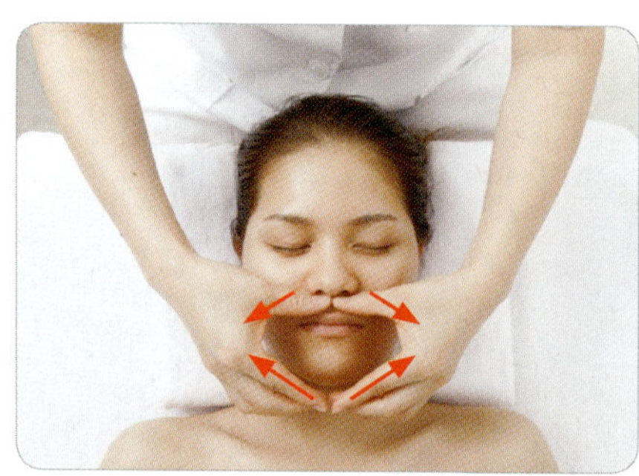

3 콧망울 옆에서 프로펀더스 방향으로 쓰다듬기 한다.

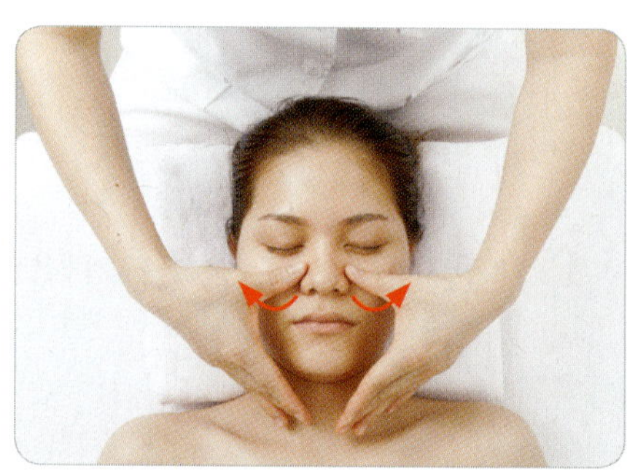

4 눈 밑에서 파로티스 방향으로 쓰다듬기
한다.

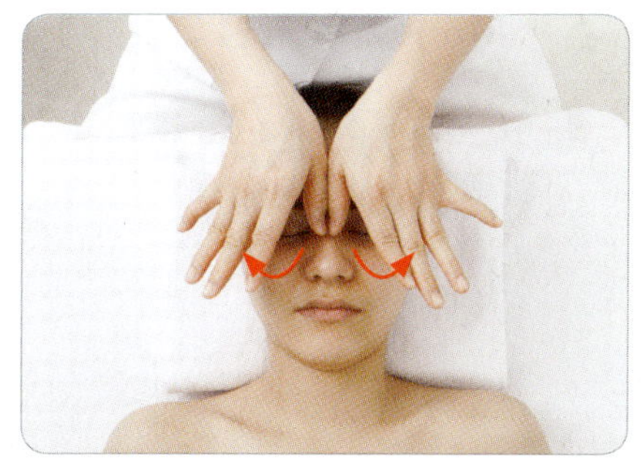

5 이마에서 템포라리스 방향으로 쓰다듬
기 한다.

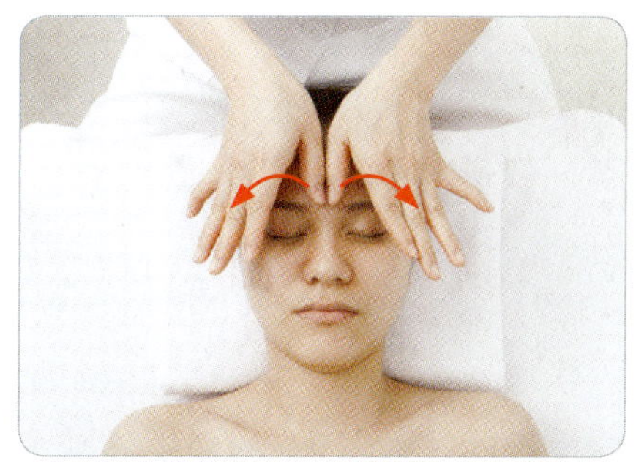

6 프로펀더스에서 터미누스 방향으로 쓰다
듬기 한다.

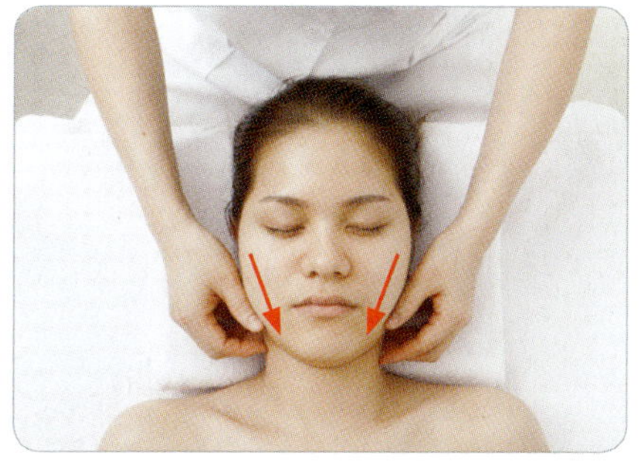

7 프로펀더스에서 고정원 그리기를 5회 한
다.

8 미들에서 고정원 그리기를 5회 한다.

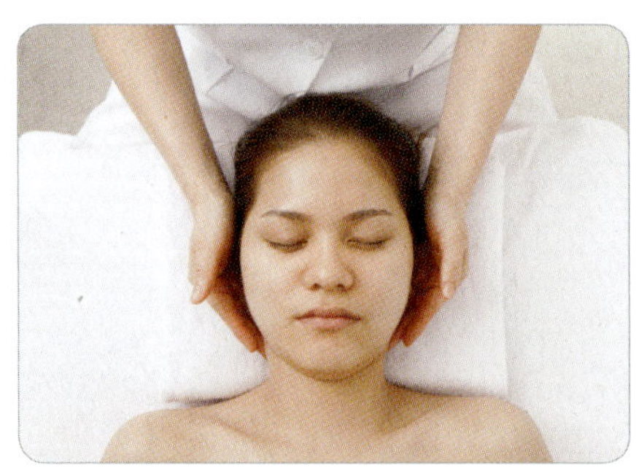

9 터미누스에서 고정원 그리기를 5회 한다.

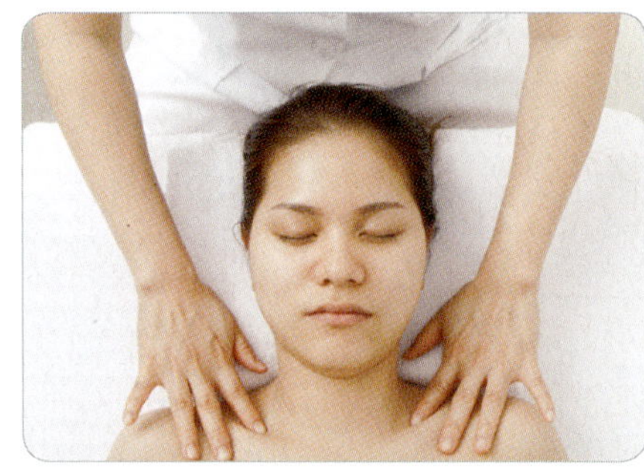

10 턱부위 정중앙에서 고정원 그리기를 5회 한다.

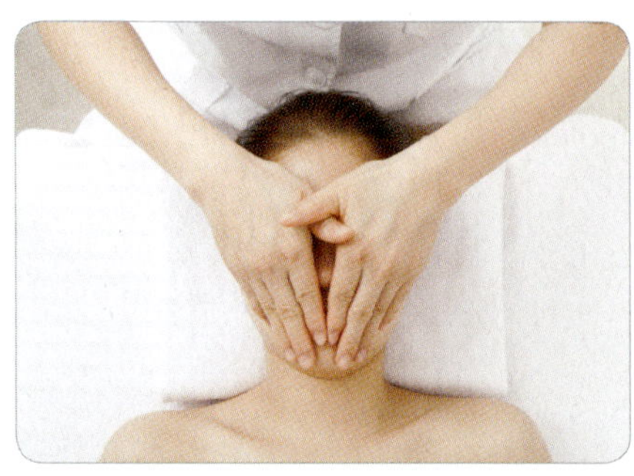

11 턱 라인 스마일선 중간분위에서 고정원 그리기를 5회 한다.

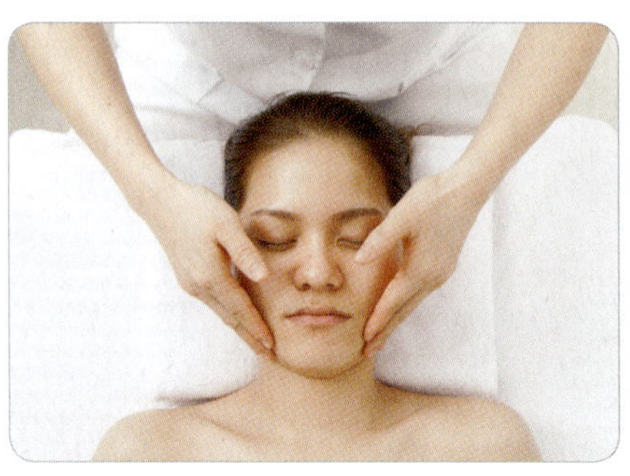

12 하악 끝에서 고정원 그리기를 5회 한다.

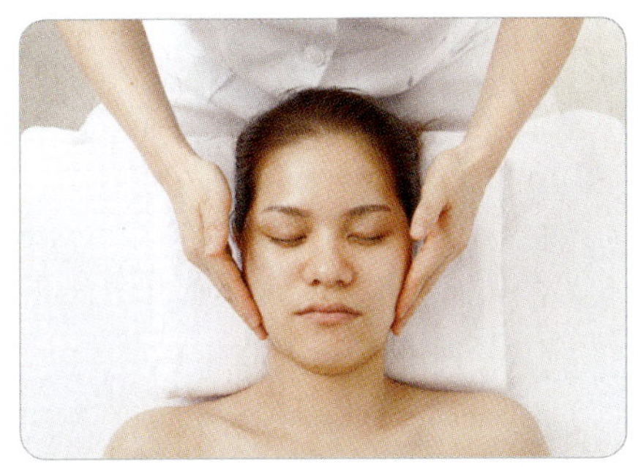

13 코 밑에서 3,4 지를 이용하여 고정원 그
리기를 5회 한다.

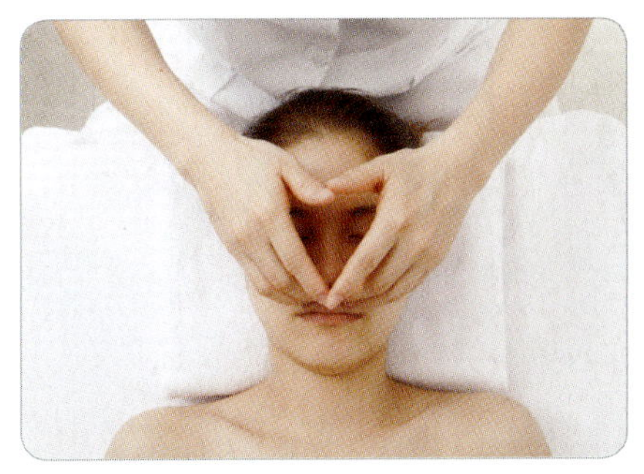

14 입꼬리 옆에서 고정원 그리기를 5회 한
다.

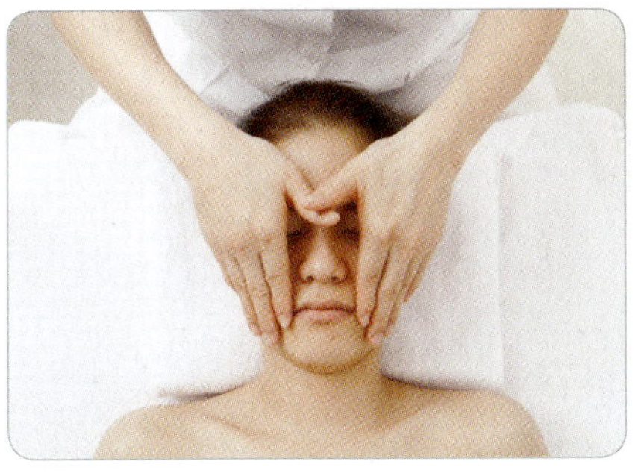

15 하악각에서 고정원 그리기를 5회 한다.

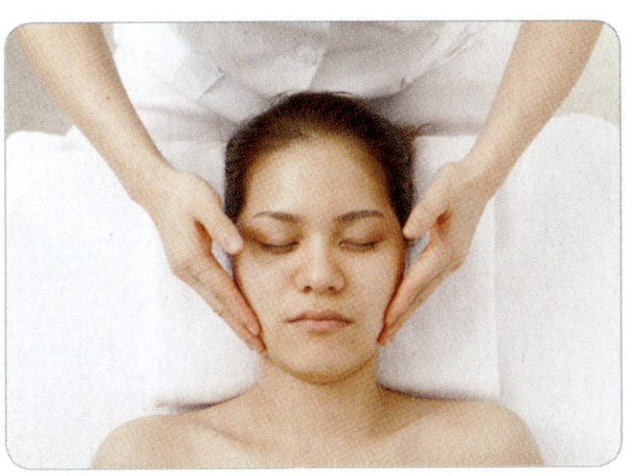

232

16 프로펀더스 → 미들 → 터미누스에서 고
정원 그리기를 5회 한다.

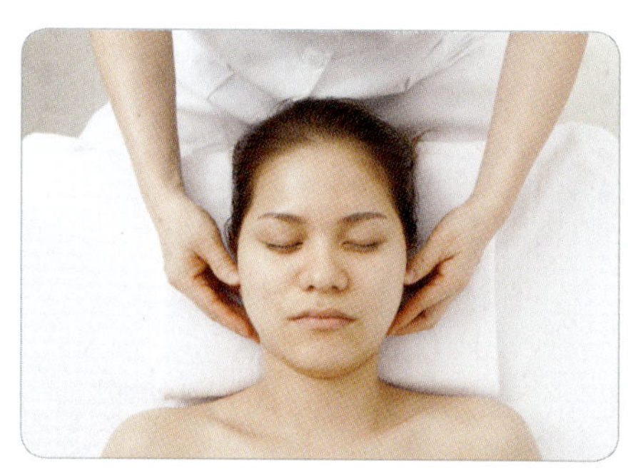

17 콧방울 위 (정중앙)에서 고정원 그리기를
5회 한다.

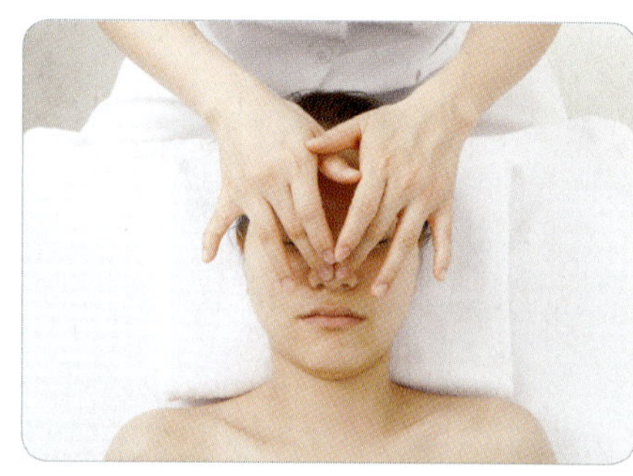

18 콧등을 2등분하여 각각 고정원 그리기를
5회 한다.

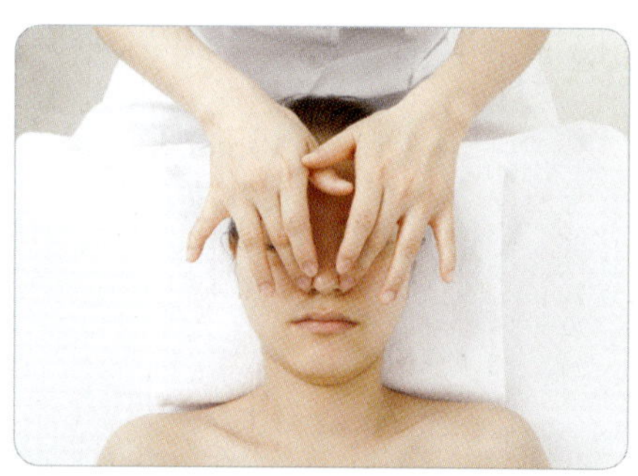

19 콧 등 옆선을 이등분 하여 위 → 아래 방
향으로 고정원 그리기 5회 한다.

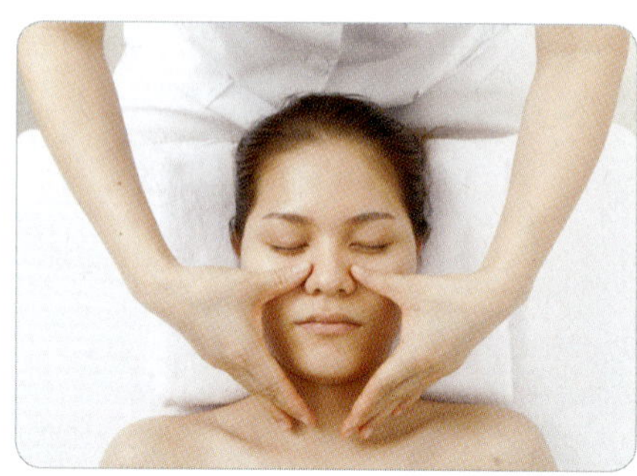

20 구각 끝에서 고정원 그리기를 5회 한다.

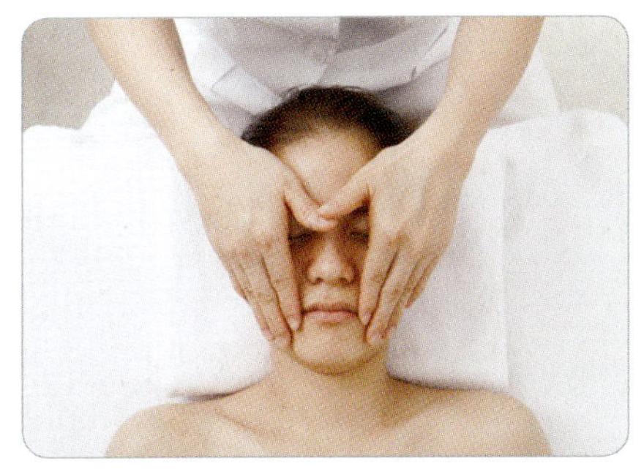

21 하악 끝에서 고정원 그리기를 5회 한다.

22 아랫 입술 밑에서 고정원 그리기를 5회
한다.

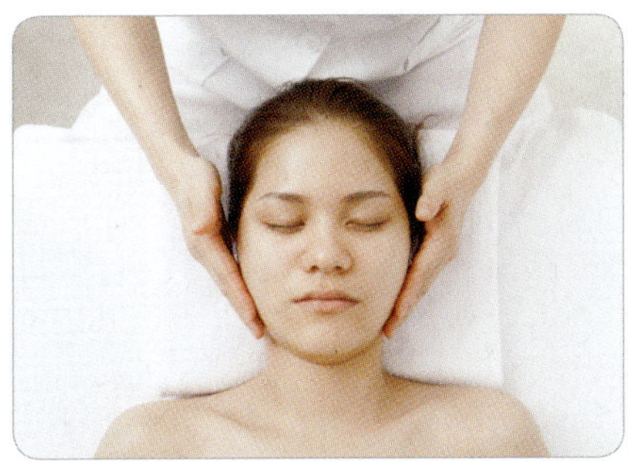

23 아래 턱에서 직각 방향으로 스트레칭 후
밖으로 90도 손목을 꺾는다. 하악 끝까
지 진행하면서 시행한다.

24 프로펀더스 → 미들 → 터미누스에서 고
정원 그리기를 5회 한다.

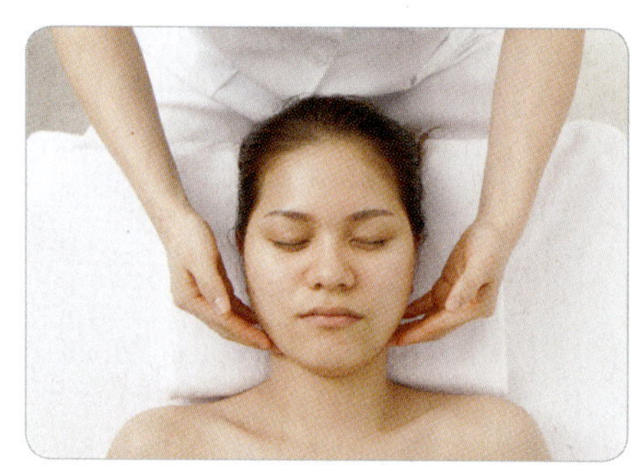

25 눈밑을 3등분 하여 중지로 고정원 그리기
를 한다.

26 중지로 눈 앞머리에서 눈썹 앞머리까지
쓸어 올린다.

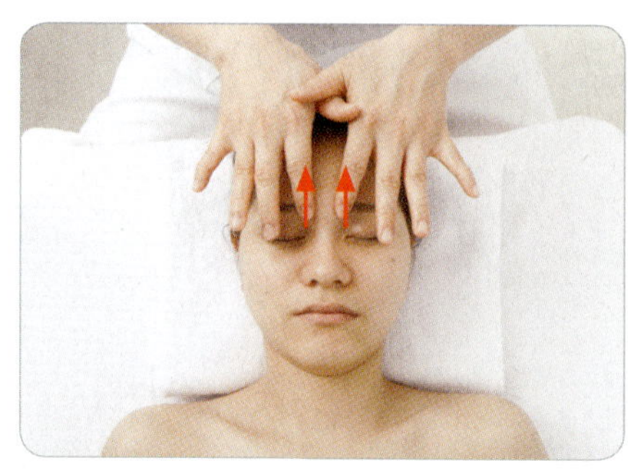

27 전체 눈썹부위를 3등분 하여 살짝 집어
준다.

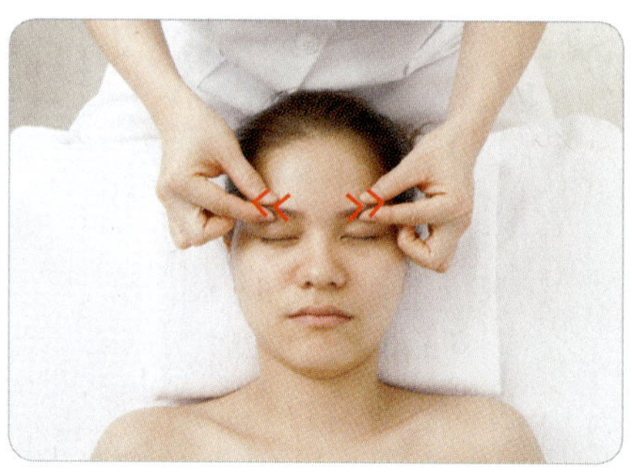

28 엄지로 눈 앞머리 → 눈썹 앞 → 눈썹 →
관자놀이까지 쓸어준다.

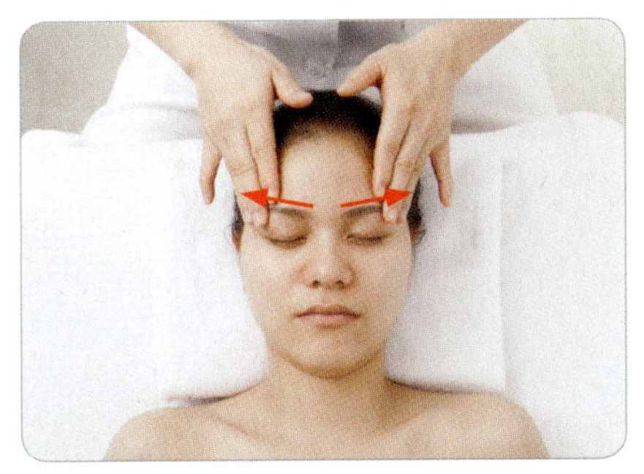

29 눈썹 앞머리에서 중지로 고정원 그리기를
5회 한다.

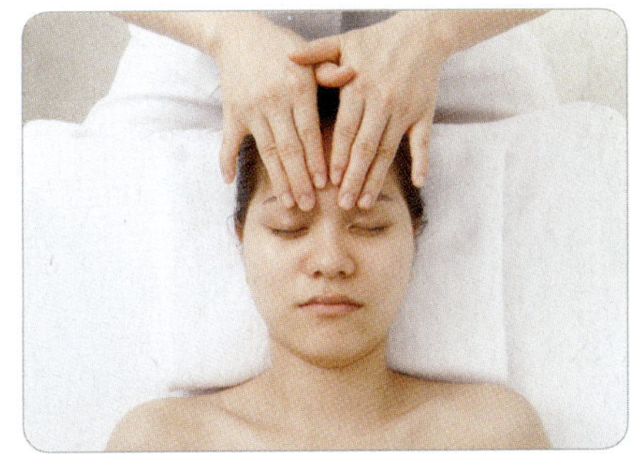

30 눈썹 중간에서 고정원 그리기를 5회 한
다.

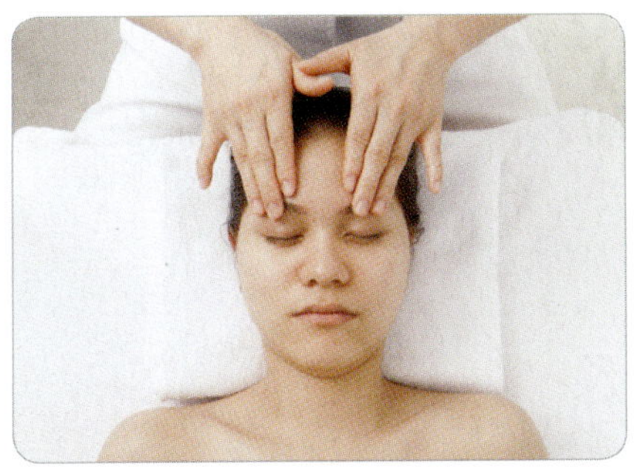

31 눈썹 끝에서 고정원 그리기를 5회 한다.

32 이마 중간에서 고정원 그리기를 5회 한
다.

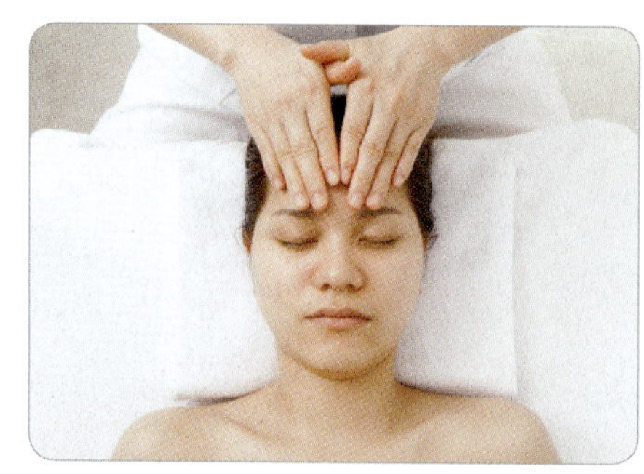

33 이마 끝 부분에서 고정원 그리기를 5회
한다.

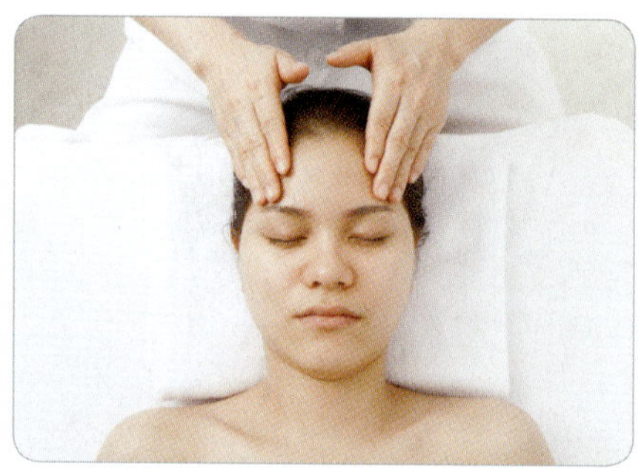

34 템포라리스 부분에서 고정원 그리기를 5
회 한다.

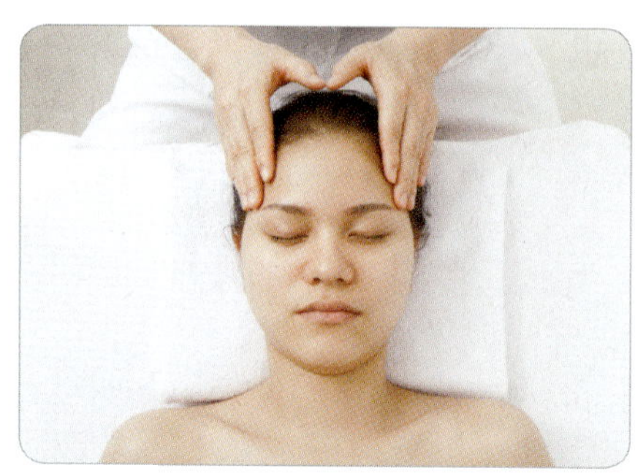

35 파로티스 부분에서 고정원 그리기를 5회
한다.

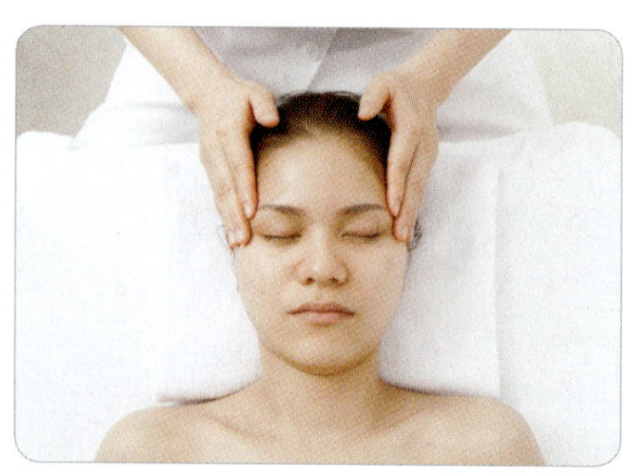

36 하악끝에서 고정원 그리기를 5회 한다.

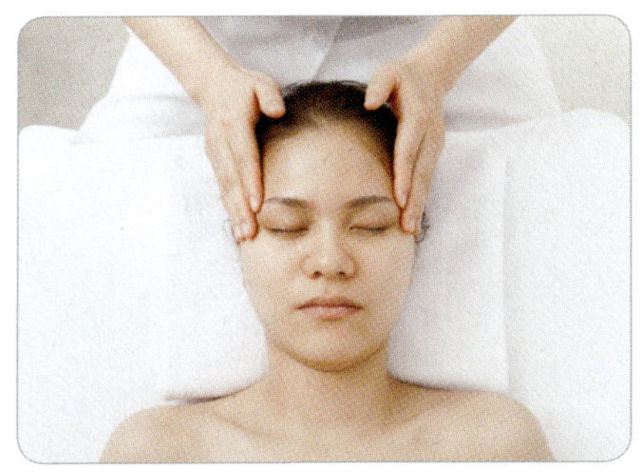

37 프로펀더스 → 미들 → 터미누스 고정원
그리기를 5회 한다.

38 쓰다듬는다.

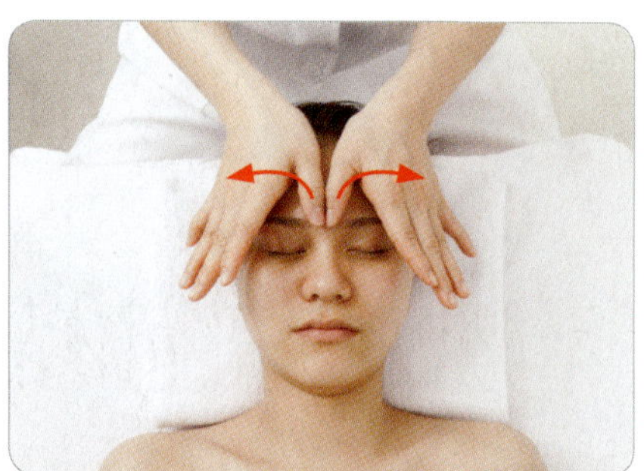
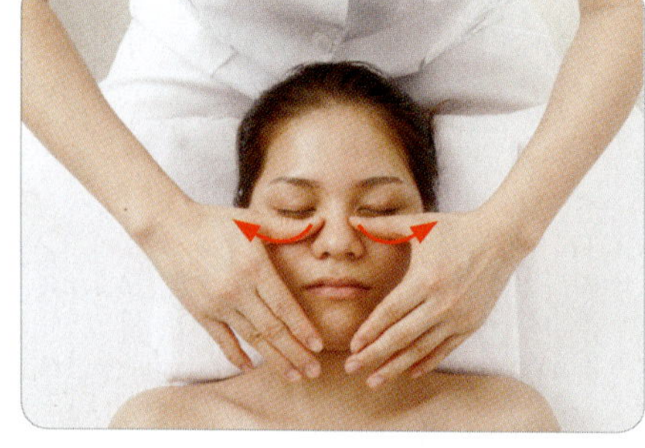
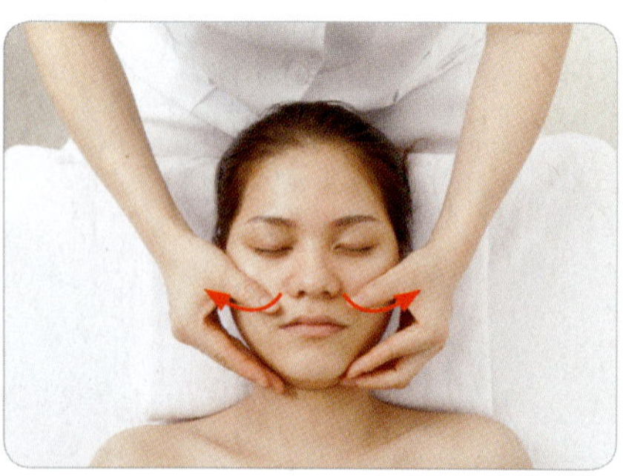
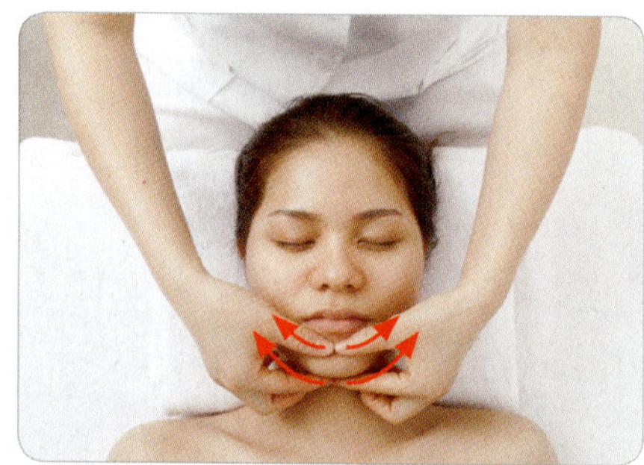
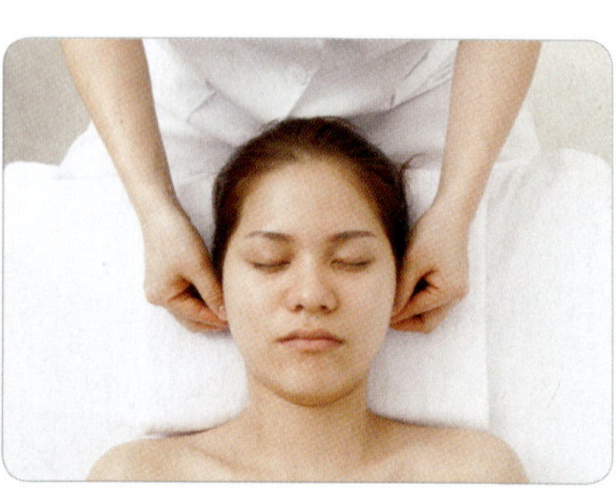

예시별 관리계획표 작성 연습

1 연습 1

- 얼굴

  1 **T존** : 코와 이마부위의 피부표면이 매끈하지 않아 화장이 잘 받지 않는다.

  U존 : 볼주위에 색소침착이 나타나 있고 당김현상이 심하며 눈가에 미세주름이 있다.

  목부위 : 미세한 각질이 보이고 크림을 바르면 곧바로 스며든다.

  2 **T존** : 피부결의 형태는 소구가 깊고 소릉의 형태가 크고 불규칙하다.

  U존 : 양볼의 표면이 부드럽고 유연하며 탄력적이다.

  목부위 : 탄력적이며 촉감이 부드럽고 윤기가 있다.

  3 **T존** : 코와 이마부위에 각질이 들뜨고 소양감이 있다.

  U존 : 양볼의 각질층 수분함량이 9%이며, 세안후에 당긴다.

  목부위 : 피부가 두껍고 번들거리며 혈색이 칙칙하다.

- 목 : 크림을 사용하면 곧바로 스며든다.

- 딥클렌징은 A.H.A를 시행한다.

- 마스크는 석고마스크를 실시한다.

<table>
<tr><td colspan="3" align="center">관리계획 차트 (Care Plan Chart)</td></tr>
<tr><td>비번호</td><td>형별</td><td>시험일자 20 . . . (부)</td></tr>
<tr><td rowspan="2">관리목적 및 기대효과</td><td colspan="2">관리목적 :</td></tr>
<tr><td colspan="2">기대효과 :</td></tr>
<tr><td>클렌징</td><td colspan="2">□오일　　　□크림　　　□밀크/로션　　　□젤</td></tr>
<tr><td>딥클렌징</td><td colspan="2">□고마쥐(gommage)　□효소(enzyme)　□AHA　□스크럽</td></tr>
<tr><td>매뉴얼 테크닉 제품타입</td><td colspan="2">□오일　　　□크림</td></tr>
<tr><td>손을 이용한 관리형태</td><td colspan="2">□일반　　　□림프</td></tr>
<tr><td rowspan="3">팩</td><td colspan="2">T존 :　　□건성타입팩　　□정상타입팩　　□지성타입팩</td></tr>
<tr><td colspan="2">U존 :　　□건성타입팩　　□정상타입팩　　□지성타입팩</td></tr>
<tr><td colspan="2">목부위 :　□건성타입팩　　□정상타입팩　　□지성타입팩</td></tr>
<tr><td>마스크</td><td colspan="2">□석고 마스크　　　□고무모델링마스크</td></tr>
<tr><td rowspan="4">고객 관리 계획</td><td colspan="2">1주 :</td></tr>
<tr><td colspan="2">2주 :</td></tr>
<tr><td colspan="2">3주 :</td></tr>
<tr><td colspan="2">4주 :</td></tr>
<tr><td rowspan="2">자가 관리 조언
(홈케어)</td><td colspan="2">제품을 사용한 관리 :</td></tr>
<tr><td colspan="2">기타 :</td></tr>
</table>

2 연습 2

- 얼 굴

  1 **T존** : 코와 이마부위의 피부표면이 매끈하지 않아 화장이 잘 받지 않는다.

  U존 : 볼주위에 색소침착이 나타나 있고 당김현상이 심하며 눈가에 미세주름이 있다.

  목부위 : 미세한 각질이 보이고 크림을 바르면 곧바로 스며든다.

  2 **T존** : 피부결의 형태는 소구가 깊고 소릉의 형태가 크고 불규칙하다.

  U존 : 양볼의 표면이 부드럽고 유연하며 탄력적이다.

  목부위 : 탄력적이며 촉감이 부드럽고 윤기가 있다.

  3 **T존** : 코와 이마부위에 각질이 들뜨고 소양감이 있다.

  U존 : 양볼의 각질층 수분함량이 9%이며, 세안후에 당긴다.

  목부위 : 피부가 두껍고 번들거리며 혈색이 칙칙하다.

- 목 : 탄력적이며 촉감이 부드럽고 윤기가 있다.

- 딥클렌징은 효소를 시행한다.

- 마스크는 고무마스크를 실시한다.

<table>
<tr><td colspan="3" align="center">관리계획 차트 (Care Plan Chart)</td></tr>
<tr><td>비번호</td><td>형별</td><td>시험일자 20 ． ． ． (부)</td></tr>
<tr><td rowspan="2">관리목적 및 기대효과</td><td colspan="2">관리목적 :</td></tr>
<tr><td colspan="2">기대효과 :</td></tr>
<tr><td>클렌징</td><td colspan="2">□오일　　□크림　　□밀크/로션　　□젤</td></tr>
<tr><td>딥클렌징</td><td colspan="2">□고마쥐(gommage)　□효소(enzyme)　□AHA　□스크럽</td></tr>
<tr><td>매뉴얼 테크닉 제품타입</td><td colspan="2">□오일　　　□크림</td></tr>
<tr><td>손을 이용한 관리형태</td><td colspan="2">□일반　　　□림프</td></tr>
<tr><td rowspan="3">팩</td><td colspan="2">T존 :　　□건성타입팩　　□정상타입팩　　□지성타입팩</td></tr>
<tr><td colspan="2">U존 :　　□건성타입팩　　□정상타입팩　　□지성타입팩</td></tr>
<tr><td colspan="2">목부위 :　□건성타입팩　　□정상타입팩　　□지성타입팩</td></tr>
<tr><td>마스크</td><td colspan="2">□석고 마스크　　□고무모델링마스크</td></tr>
<tr><td rowspan="4">고객 관리 계획</td><td colspan="2">1주 :</td></tr>
<tr><td colspan="2">2주 :</td></tr>
<tr><td colspan="2">3주 :</td></tr>
<tr><td colspan="2">4주 :</td></tr>
<tr><td rowspan="2">자가 관리 조언
(홈케어)</td><td colspan="2">제품을 사용한 관리 :</td></tr>
<tr><td colspan="2">기타 :</td></tr>
</table>

3 연습 3

- 얼 굴

  1 **T존** : 코와 이마부위의 피부표면이 매끈하지 않아 화장이 잘 받지 않는다.

   U존 : 볼주위에 색소침착이 나타나 있고 당김현상이 심하며 눈가에 미세주름이 있다.

   목부위 : 미세한 각질이 보이고 크림을 바르면 곧바로 스며든다.

  2 **T존** : 피부결의 형태는 소구가 깊고 소릉의 형태가 크고 불규칙하다.

   U존 : 양볼의 표면이 부드럽고 유연하며 탄력적이다.

   목부위 : 탄력적이며 촉감이 부드럽고 윤기가 있다.

  3 **T존** : 코와 이마부위에 각질이 들뜨고 소양감이 있다.

   U존 : 양볼의 각질층 수분함량이 9%이며, 세안후에 당긴다.

   목부위 : 피부가 두껍고 번들거리며 혈색이 칙칙하다.

- 목 : 윤택하지 않으며 크림이 빨리 흡수된다.

- 딥클렌징은 고마쥐를 시행한다.

- 마스크는 석고마스크를 실시한다.

관리계획 차트 (Care Plan Chart)

비번호	형별	시험일자 20　.　.　.　(　부)

| 관리목적 및 기대효과 | 관리목적 : |
| | 기대효과 : |

클렌징	□오일　　□크림　　□밀크/로션　　□젤
딥클렌징	□고마쥐(gommage)　□효소(enzyme)　□AHA　□스크럽
매뉴얼 테크닉 제품타입	□오일　　□크림
손을 이용한 관리형태	□일반　　□림프

팩	T존 : □건성타입팩　□정상타입팩　□지성타입팩
	U존 : □건성타입팩　□정상타입팩　□지성타입팩
	목부위 : □건성타입팩　□정상타입팩　□지성타입팩

마스크	□석고 마스크　　□고무모델링마스크

고객 관리 계획	1주 :
	2주 :
	3주 :
	4주 :

자가 관리 조언 (홈케어)	제품을 사용한 관리 :
	기타 :

기초 피부관리 실습

인 쇄	2015년 3월 1일
발 행	2015년 3월 10일
지은이	권영랑·김민정·이정선·임양이·최정윤·황혜주
대 표	송인숙
펴낸곳	도서출판 나무미디어
주 소	서울시 마포구 성산동 279-17
전 화	(02) 702-2389
출판등록	제313-2010-282호(2010. 9. 16)
ISBN	978-89-9652-460-1(93680)

* 저자와 협의하여 인지 첨부를 생략합니다.

* 무단 전재, 복사를 금합니다.

* 잘못 만들어진 책은 구입처에서 교환해 드립니다.

정 가   18,000원